# ELİNİZİN ALTINDAKİ GERÇEKLER

## KİMYAYI TANIYALIM
# AMETALLER

Çeviri: **Özlem Köroğlu**

TÜBİTAK
Popüler Bilim Kitapları

TÜBİTAK Popüler Bilim Kitapları 561

***Elinizin Altındaki Gerçekler - Kimyayı Tanıyalım - Ametaller***
***Facts at Your Fingertips - Introducing Chemistry - Nonmetals***
Editör: Lindsey Lowe

Çeviri: Özlem Köroğlu
Redaksiyon: Prof. Dr. Nursel Pekel Bayramgil

© Brown Bear Book Ltd., 2012
Brown Bear tarafından yayımlanmıştır.
BROWN LTD, First Floor, 9-17 St Albans Place, London, N1 0NX,
United Kingdom tarafından projelendirilmiş ve üretilmiştir.

Türkçe Yayın Hakkı © Türkiye Bilimsel ve Teknolojik Araştırma Kurumu, 2012

Bu kitabın bütün hakları saklıdır. Yazılar ve görsel malzemeler,
izin alınmadan tümüyle veya kısmen yayımlanamaz.

TÜBİTAK Popüler Bilim Kitapları'nın seçimi ve değerlendirilmesi
TÜBİTAK Kitaplar Yayın Danışma Kurulu tarafından yapılmaktadır.

ISBN 978 - 975 - 403 - 782 - 1
Yayıncı Sertifika No: 15368

1. Basım  Kasım 2013 (5000 adet)
2. Basım  Ekim 2019 (5000 adet)

Genel Yayın Yönetmeni: Bekir Çengelci
Mali Koordinatör: Adem Polat
Telif İşleri Sorumlusu: Dr. Esra Tok Kılıç

Yayıma Hazırlayan: Şermin Korkusuz Aslan
Basım Hazırlık ve Son Kontrol: Muhammed Said Vapur
Sayfa Düzeni: Elnârâ Ahmetzâde
Basım İzleme: Duran Akca

TÜBİTAK
Kitaplar Müdürlüğü
Akay Caddesi No: 6 Bakanlıklar Ankara
Tel: (312) 298 96 51  Faks: (312) 428 32 40
e-posta: kitap@tubitak.gov.tr
esatis.tubitak.gov.tr

Fersa Matbaacılık Pazarlama San. ve Tic. Ltd. Şti.
Ostim 36. Sokak No: 5/C-D Yenimahalle Ankara
Tel: (312) 386 17 00  Faks: (312) 386 17 04  Sertifika No: 16216

# İÇİNDEKİLER

| | |
|---|---|
| Atomlar ve Elementler | 4 |
| Elementleri Tanıyalım | 8 |
| Ametaller | 12 |
| Hidrojen | 18 |
| Karbon | 22 |
| Azot ve Fosfor | 32 |
| Oksijen ve Kükürt | 42 |
| Halojenler | 50 |
| Soy Gazlar | 58 |
| | |
| Sözlük | 62 |
| Dizin | 63 |

*Elinizin Altındaki Gerçekler – Kimyayı Tanıyalım: Ametaller,* atomun yapısından periyodik tabloya, elementlerin özelliklerinden kimyasal süreçlerin endüstriyel uygulamaları da dâhil olmak üzere farklı tür tepkimelere kadar kimyanın temel konularını ele alıyor.

Periyodik tabloya bakıldığında ametaller, metallerden çok daha az sayıda görünse de yeryüzünde metallerden çok daha fazla miktarda bulunur. *Ametaller* kitabı, en hafif element olan hidrojenden, radyoaktif bir element olan radonun da yer aldığı soy gazlara kadar ametallerin bütün özelliklerini ele alıyor. Kitapta, her element veya ametal element grubunun atom yapıları, tepkimeleri, özellikleri, nasıl keşfedildikleri, kaynakları ve kullanım alanları detaylı olarak anlatılıyor.

Açıklayıcı şemalar, bilgilendirici fotoğraflar, incelenen konuya ilişkin detaylı anlatımlar, kimyanın ilerlemesinde rol oynamış önemli bilim insanlarına ve temel bilimsel terimlere yer verilen bölümler kitabın kapsamını zenginleştiriyor. "Deneyin" bölümü ise bilimsel uygulamaların ilk adımı olabilecek deneylere yer veriyor.

# ATOMLAR VE ELEMENTLER

Atomlar periyodik tablo düzeninin temelini oluşturur. Elementlerin özelliklerini ve periyodik tablodaki yerlerini atomlarının yapısı belirler.

Periyodik tablo kimya kitaplarının sayfalarını ve okul laboratuvarlarının duvarlarını süsler. Bu basit tablo, kimyacılar için "sözlük" niteliğindedir. Evrendeki her şeyin temeli olan elementleri atom numarası ve atom kütlesi gibi ölçülebilir büyüklüklerle ifade eder ve elementler arasındaki benzerliklere dikkat çeker.

## BİLİMSEL TERİMLER

- **atom numarası** Bir atomun çekirdeğinde bulunan proton sayısı.
- **kimyasal sembol** Bir kimyasal elementin isminin kısa yazılış biçimi.
- **element** Aynı tür atomların oluşturduğu madde.

Periyodik tablo, bilinen tüm elementleri atom numaralarına göre düzenler. Elementler grup olarak adlandırılan dikey sütunlar ve periyot olarak adlandırılan yatay satırlar şeklinde dizilidir. Aynı sütun ve satırdaki elementler benzer kimyasal ve fiziksel özellikler taşır.

| | | | | | | | | | | | | | | | | | |
|---|---|---|---|---|---|---|---|---|---|---|---|---|---|---|---|---|---|
| 1<br>**H**<br>Hidrojen<br>1 | | | | | | | | | | | | | | | | | 2<br>**He**<br>Helyum<br>4 |
| 3<br>**Li**<br>Lityum<br>7 | 4<br>**Be**<br>Berilyum<br>9 | | | | | | | | | | | 5<br>**B**<br>Bor<br>11 | 6<br>**C**<br>Karbon<br>12 | 7<br>**N**<br>Azot<br>14 | 8<br>**O**<br>Oksijen<br>16 | 9<br>**F**<br>Flor<br>19 | 10<br>**Ne**<br>Neon<br>20 |
| 11<br>**Na**<br>Sodyum<br>23 | 12<br>**Mg**<br>Magnezyum<br>24 | | | | | | | | | | | 13<br>**Al**<br>Alüminyum<br>27 | 14<br>**Si**<br>Silisyum<br>28 | 15<br>**P**<br>Fosfor<br>31 | 16<br>**S**<br>Kükürt<br>32 | 17<br>**Cl**<br>Klor<br>35 | 18<br>**Ar**<br>Argon<br>40 |
| 19<br>**K**<br>Potasyum<br>39 | 20<br>**Ca**<br>Kalsiyum<br>40 | 21<br>**Sc**<br>Skandiyum<br>45 | 22<br>**Ti**<br>Titanyum<br>48 | 23<br>**V**<br>Vanadyum<br>51 | 24<br>**Cr**<br>Krom<br>52 | 25<br>**Mn**<br>Manganez<br>55 | 26<br>**Fe**<br>Demir<br>56 | 27<br>**Co**<br>Kobalt<br>59 | 28<br>**Ni**<br>Nikel<br>59 | 29<br>**Cu**<br>Bakır<br>64 | 30<br>**Zn**<br>Çinko<br>65 | 31<br>**Ga**<br>Galyum<br>70 | 32<br>**Ge**<br>Germanyum<br>73 | 33<br>**As**<br>Arsenik<br>75 | 34<br>**Se**<br>Selenyum<br>79 | 35<br>**Br**<br>Brom<br>80 | 36<br>**Kr**<br>Kripton<br>84 |
| 37<br>**Rb**<br>Rubidyum<br>85 | 38<br>**Sr**<br>Stronsiyum<br>88 | 39<br>**Y**<br>İtriyum<br>89 | 40<br>**Zr**<br>Zirkonyum<br>91 | 41<br>**Nb**<br>Niyobyum<br>93 | 42<br>**Mo**<br>Molibden<br>96 | 43<br>**Tc**<br>Teknesyum<br>(98) | 44<br>**Ru**<br>Rutenyum<br>101 | 45<br>**Rh**<br>Rodyum<br>103 | 46<br>**Pd**<br>Paladyum<br>106 | 47<br>**Ag**<br>Gümüş<br>108 | 48<br>**Cd**<br>Kadmiyum<br>112 | 49<br>**In**<br>İndiyum<br>115 | 50<br>**Sn**<br>Kalay<br>119 | 51<br>**Sb**<br>Antimon<br>122 | 52<br>**Te**<br>Tellur<br>128 | 53<br>**I**<br>İyot<br>127 | 54<br>**Xe**<br>Ksenon<br>131 |
| 55<br>**Cs**<br>Sezyum<br>133 | 56<br>**Ba**<br>Baryum<br>137 | 57-71<br>Lantanitler | 72<br>**Hf**<br>Hafniyum<br>179 | 73<br>**Ta**<br>Tantal<br>181 | 74<br>**W**<br>Tungsten<br>184 | 75<br>**Re**<br>Renyum<br>186 | 76<br>**Os**<br>Osmiyum<br>190 | 77<br>**Ir**<br>İridyum<br>192 | 78<br>**Pt**<br>Platin<br>195 | 79<br>**Au**<br>Altın<br>197 | 80<br>**Hg**<br>Civa<br>201 | 81<br>**Tl**<br>Talyum<br>204 | 82<br>**Pb**<br>Kurşun<br>207 | 83<br>**Bi**<br>Bizmut<br>209 | 84<br>**Po**<br>Polonyum<br>(209) | 85<br>**At**<br>Astatin<br>(210) | 86<br>**Rn**<br>Radon<br>(222) |
| 87<br>**Fr**<br>Fransiyum<br>(223) | 88<br>**Ra**<br>Radyum<br>(226) | 89-103<br>Aktinitler | 104<br>**Rf**<br>Rutherfordiyum<br>(263) | 105<br>**Db**<br>Dubniyum<br>(268) | 106<br>**Sg**<br>Seaborgiyum<br>(266) | 107<br>**Bh**<br>Bohriyum<br>(272) | 108<br>**Hs**<br>Hassiyum<br>(277) | 109<br>**Mt**<br>Meitneriyum<br>(276) | 110<br>**Ds**<br>Darmstadtiyum<br>(281) | 111<br>**Rg**<br>Röntgenyum<br>(280) | 112<br>**Cn**<br>Koperniyum<br>(285) | 113<br>**Uut**<br>Ununtriyum<br>(284) | 114<br>**Fl**<br>Flerovyum<br>(289) | 115<br>**Uup**<br>Ununpentiyum<br>(291) | 116<br>**Lv**<br>Livermoryum<br>(293) | 117<br>**Uus**<br>Ununseptiyum<br>(295) | 118<br>**Uuo**<br>Ununoktiyum<br>(294) |

| | | | | | | | | | | | | | | |
|---|---|---|---|---|---|---|---|---|---|---|---|---|---|---|
| | 57<br>**La**<br>Lantan<br>139 | 58<br>**Ce**<br>Seryum<br>140 | 59<br>**Pr**<br>Praseodim<br>141 | 60<br>**Nd**<br>Neodin<br>144 | 61<br>**Pm**<br>Prometyum<br>(145) | 62<br>**Sm**<br>Samaryum<br>150 | 63<br>**Eu**<br>Evropyum<br>152 | 64<br>**Gd**<br>Gadolinyum<br>157 | 65<br>**Tb**<br>Terbiyum<br>159 | 66<br>**Dy**<br>Disporsiyum<br>163 | 67<br>**Ho**<br>Holmiyum<br>165 | 68<br>**Er**<br>Erbiyum<br>167 | 69<br>**Tm**<br>Tulyum<br>169 | 70<br>**Yb**<br>İterbiyum<br>173 | 71<br>**Lu**<br>Lutesyum<br>175 |
| | 89<br>**Ac**<br>Aktinyum<br>(227) | 90<br>**Th**<br>Toryum<br>232 | 91<br>**Pa**<br>Protaktinyum<br>231 | 92<br>**U**<br>Uranyum<br>238 | 93<br>**Np**<br>Neptünyum<br>(237) | 94<br>**Pu**<br>Plutonyum<br>(244) | 95<br>**Am**<br>Amerikyum<br>(243) | 96<br>**Cm**<br>Küriyum<br>(247) | 97<br>**Bk**<br>Berkelyum<br>(247) | 98<br>**Cf**<br>Kaliforniyum<br>(251) | 99<br>**Es**<br>Aynstaynyum<br>(252) | 100<br>**Fm**<br>Fermiyum<br>(257) | 101<br>**Md**<br>Mendelevyum<br>(258) | 102<br>**No**<br>Nobelyum<br>(259) | 103<br>**Lr**<br>Lavrensiyum<br>(260) |

# AMETALLER

*Elementler yıldızlar sayesinde meydana gelir. Yıldızlar yandıkça yeni elementler ortaya çıkar, bir yıldız süpernova olarak patladığında ise uzaya saçılır. Bu süpernovanın kırmızı dış halkası, oksijen ve neonun varlığını gösterir.*

## Maddenin oluşumu

Maddeyi oluşturan yapı taşlarına atom denir. Bu parçacıklar o kadar küçüktür ki bilim insanları onları ancak güçlü mikroskoplar yardımıyla görebilir. Neredeyse tüm atomlar proton, nötron ve elektron adı verilen daha da küçük parçacıklardan oluşur. Proton ve nötronlar, atomun merkezindeki yoğun çekirdekte yer alır. Elektronlar ise çekirdeğin etrafında, elektron kabuğu olarak adlandırılan yörüngelerde döner.

Bir kimyasal element, çekirdeğinde aynı sayıda proton bulunan atomlardan oluşur. Proton sayısı bir elementin atom numarasını belirler. Örneğin, bir hidrojen (H) atomunun çekirdeğinde sadece 1 proton bulunur. Bir uranyum (U) atomunun çekirdeğinde ise her zaman 92 proton yer alır. Bu nedenle, hidrojenin atom numarası 1, uranyumun atom numarası 92'dir.

## Elektronların dizilişi

Her proton, bir pozitif elektrik yüküne sahiptir. Nötronların elektrik yükü yoktur. Her elektron ise bir negatif elektrik yüküne sahiptir. Atomların, elektron ve proton sayıları eşit olduğundan elektrik yükleri nötrdür, yani pozitif ve negatif yükler birbirlerini sıfırlar. Bu nedenle, bir hidrojen atomunun her zaman 1 elektronu, uranyum atomunun ise 92 elektronu vardır.

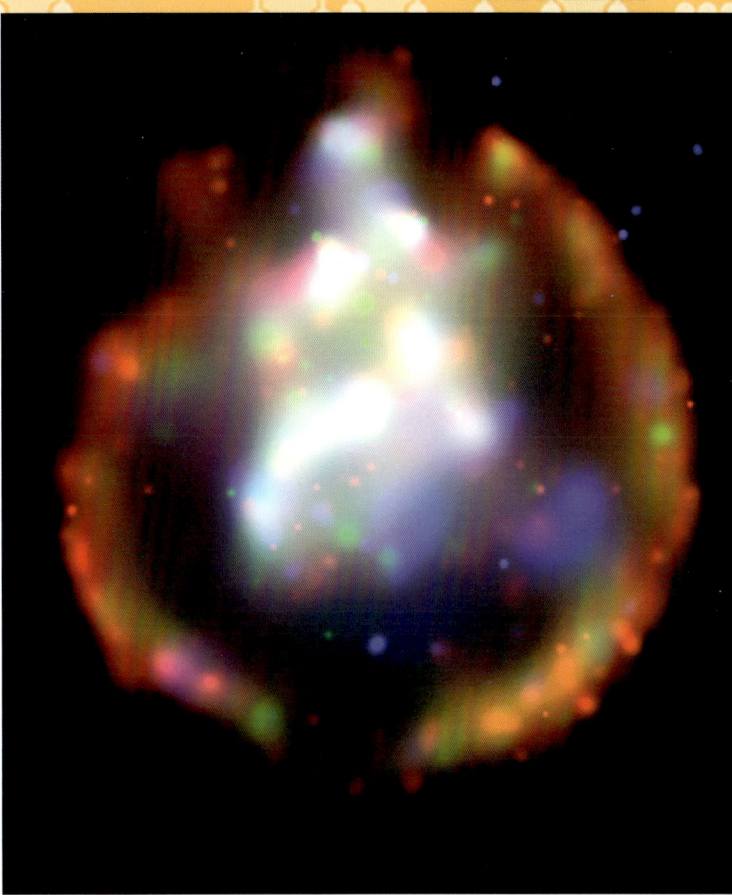

*Altta: Atomlar proton, elektron ve nötronlardan oluşur. Çekirdeklerinde her zaman eşit sayıda elektron ve proton bulunurken daha fazla sayıda nötron bulunabilir. Periyodik tablodaki ilk dört element, hidrojen, helyum, lityum ve berilyumdur.*

● Proton   ● Nötron   ● Elektron

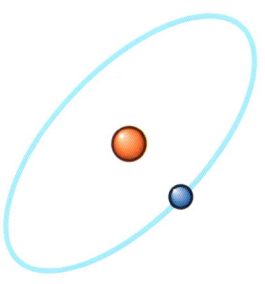
**Hidrojen atomu**
1 proton 1 elektron

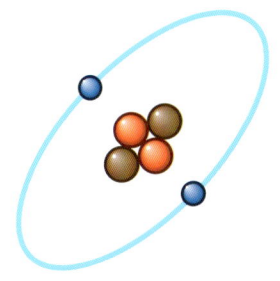
**Helyum atomu**
2 proton, 2 elektron, 2 nötron

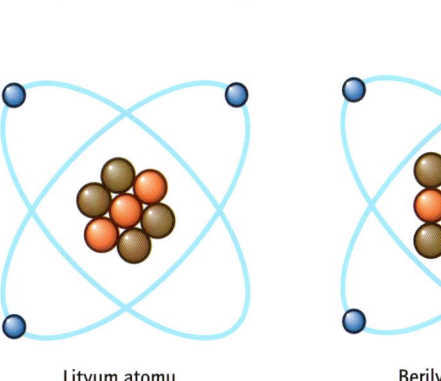
**Lityum atomu**
3 proton, 3 elektron, 4 nötron

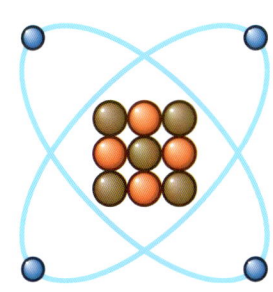
**Berilyum atomu**
4 proton, 4 elektron, 5 nötron

# ATOMLAR VE ELEMENTLER

Birçok atomun izotopu vardır. İzotoplar, çekirdeğindeki elektron ve proton sayısı eşit fakat nötron sayısı farklı olan atomlardır. Hidrojenin, döteryum ve trityum olarak adlandırılan iki izotopu vardır. Döteryumun çekirdeğinde 1 nötron, trityumun ise 2 nötron bulunur. Karbon çekirdeğinde genellikle 6 proton, 6 nötron vardır fakat izotoplarından birinde 8 nötron bulunur. Bu izotop, çekirdeğindeki proton ve nötronların toplamını göstermek üzere karbon-14 olarak adlandırılır.

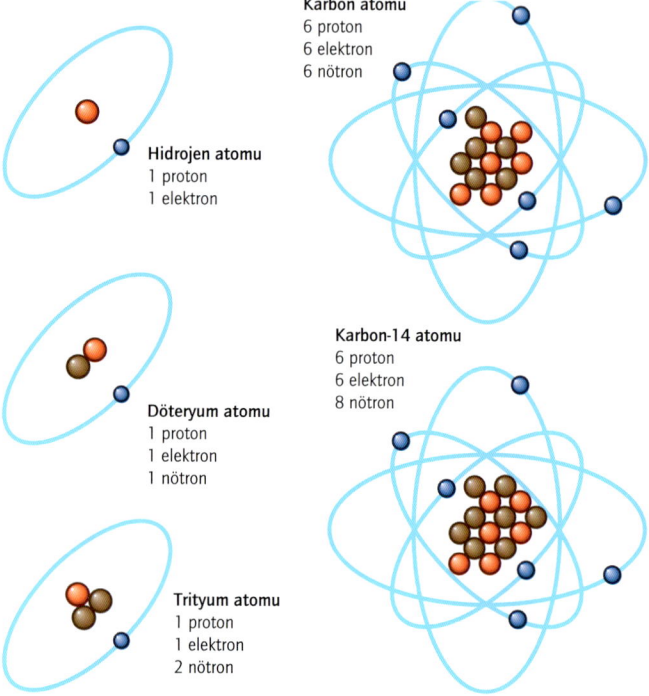

Elektronlar, çekirdek etrafında, elektron kabukları olarak adlandırılan yörüngelerde, tıpkı gezegenlerin Güneş'in yörüngesinde döndükleri gibi döner. Bu nedenle, atomu bu benzetmeyle betimleyen model, gezegen modeli olarak bilinir.

Elektron kabukları, aynı kabukta yer alan tüm elektronların eşit enerjiye sahip oldukları farklı enerji seviyeleridir. Bir atomun kabuk sayısı yediye kadar çıkabilir. Her kabukta sınırlı sayıda elektron bulunabilir. Örneğin, ilk kabuk 2, ikinci kabuk 8, üçüncü kabuk 18, dördüncü kabuk ise 32 elektron bulundurabilir.

## MOLEKÜLLER VE BİLEŞİKLER

Bileşikler, kimyasal bağlarla bir araya gelen farklı elementlerden oluşur. Örneğin su; oksijen ve hidrojen elementlerinden oluşan bir bileşiktir. İki hidrojen atomu bir oksijen atomuyla bağlanarak bir su molekülünü oluşturur. Hidrojenin kimyasal sembolü H, oksijeninki O, su molekülünün formülü ise $H_2O$'dur.

Bu sembol, her bir su molekülünün, bir oksijene bağlı iki hidrojen atomundan oluştuğunu gösterir.

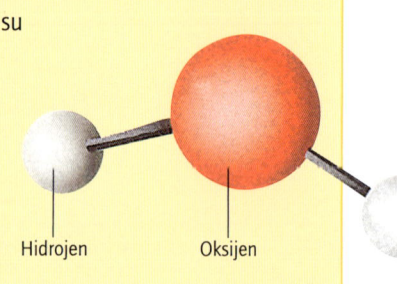

Hidrojen  Oksijen

## İyonların oluşumu

İyonlar, atomların elektron alıp vermesiyle meydana gelir. Bir atom elektron almakla ya da vermekle başka bir elementin atomuna dönüşmez. İyon basitçe atomun elektrik yüklü hâlidir. Örneğin hidrojen atomu, hidrojen iyonu oluşturmak üzere elektron verebilir. Hidrojen iyonu $H^+$ şeklinde gösterilir. Artı işareti, hidrojen iyonunun bir pozitif yük taşıdığını gösterir.

Hidrojen atomu negatif elektronun atomdan ayrılmasıyla pozitif yüklü hâle gelmiştir. Böylece, atomda yalnızca bir pozitif proton kalmış ve atom +1 elektrik yüküne sahip olmuştur.

## Kararlı atomlar

Atomlar en dış elektron kabukları tamamen dolu ise kararlıdır. Bazı elementlerin atomları, kararlı hâle gelebilmek için elektronlarını başka elementlerin atomları ile paylaşır. Bazı atomlar ise kararlı hâle gelebilmek için elektronlarını başka elementlerin atomlarına verir. Elektron paylaşımı veya aktarımı, atomlar arasında kimyasal bağ oluşmasına neden olur.

# AMETALLER

1955 yılında 1397'deki orijinali yerine inşa edilen ve Japonya'nın Kyoto şehrinde bulunan Altın Köşk Tapınağı altın varaklarla kaplanmıştır. Altın, ilk kimyacılar tarafından bilinen elementlerden biridir. Pek çok bilim insanı farklı maddeleri altına dönüştürmek için her zaman fazlasıyla ödüllendirilen deneyler yapmıştır.

## İzotoplar

Bir elementin bütün atomlarındaki proton sayısı her zaman aynıdır ancak nötron sayısı farklı olabilir. Örneğin, karbon atomunun (C) çekirdeğinde her zaman 6 proton bulunur. Karbon atomlarının çoğunda 6, bazılarında 7, daha az rastlanmakla birlikte bazılarında da 8 nötron bulunur. Nötron sayısı farklı olan bu element atomları birbirinin izotopudur. Bir atomun çekirdeğinde bulunan proton ve nötron sayısının toplamı kütle numarası olarak adlandırılır. Çoğu element, farklı izotoplarının bir araya gelmesiyle oluşmuştur. Her bir izotopun kütle numarası farklı olduğundan bilim insanları hepsinin kütle numarasının ortalamasını alır, böylece o elementin varsayılan atom kütlesi hesaplanır.

### BİLİMSEL TERİMLER

- **atom kütlesi** Bir elementin tüm izotoplarının kütle numaralarının ortalaması.
- **bileşik** Kimyasal bağ ile birleşmiş farklı elementlerden oluşan madde.
- **iyon** Bir veya birkaç elektron almış veya vermiş olan atom. Elektron kaybederek pozitif iyon hâline gelen atomlara katyon, elektron alarak negatif iyon hâline gelen atomlara ise anyon adı verilir.
- **izotop** Bir elementin, çekirdeğinde farklı sayıda nötron bulunduran atomu.
- **kütle numarası** Bir atomun çekirdeğinde bulunan proton ve nötronların toplam sayısı.
- **molekül** İki veya daha fazla, aynı veya farklı element atomunun kimyasal bağla birleşmesiyle oluşan parçacık.

# ELEMENTLERİ TANIYALIM

İnsanlar altın, cıva ve kükürt gibi elementleri binlerce yıldır tanıyor fakat birer element olduklarını bilmiyordu. Günümüzde bilim insanları 118 tanesini tanımlamış olsa da belki daha pek çok element keşfedilmeyi bekliyor.

2000 yıldan daha uzun bir zaman önce Antik Yunanlı bilginler maddenin temel yapı taşlarını tanımlamak için *atom* ve *element* kelimelerini kullanıyordu. Miletli Thales (MÖ 624-546) evrendeki her şeyi meydana getiren temel maddenin su olduğuna inanıyordu. Herakleitos (MÖ 540-480) ise bu temel maddenin ateş olduğunu düşünüyordu. Daha sonra, Aristoteles (MÖ 384-322) her şeyin dört farklı "element"in karışımından meydana geldiği fikrini öne sürdü. Bunlar toprak, su, hava ve ateşti.

Aslında, birçok element Antik Yunanlardan önce de biliniyordu. Doğada saf elementler olarak bulunduğu için altın ve gümüş MÖ 5000'lerden çok daha önceleri de kullanılıyordu. Aynı nedenle karbon ve kükürt de biliniyordu.

Bazı metaller medeniyetin gelişmesinde çok önemli rol oynamıştır. MÖ 4300'ler civarında başlayan Bronz Çağı, insanların bakır ve kalayı karıştırarak bronz adı verilen alaşımı elde ettikleri dönemdir. Bronz daha sonra alet ve silah yapımında kullanılmıştır. Demir ise ilk kez MÖ 1400'ler civarında günümüz Türkiye'sinde kullanılmış ve bu, Demir Çağı'nın başladığının göstergesi sayılmıştır. Demir, bronzdan daha sert olduğundan ondan yapılan alet ve silahlar da çok daha dayanıklıdır.

## Simya çağı

Yaklaşık 13. yüzyıldan itibaren yeni elementler keşfedilmiştir. Simyacı olarak adlandırılan ilk kimyacılar felsefe taşı arayışı içinde pek çok deney yapmıştır.

*Bu resim antik dünyanın dört "element"ini gösteriyor: havai fişekler ateşi, nehir suyu, yeryüzü toprağı, onu çevreleyen boşluk ise havayı temsil ediyor.*

Bu mistik taşın, kurşun gibi adi metalleri değerli altın ve gümüş metallerine dönüştürdüğü düşünülmüştür. Felsefe taşı arayışı sonuçsuz kalmış fakat simyacılar bu süreçte birçok önemli bileşik ve yeni birkaç element daha bulmuştur. Bunlar arasında antimon (1450), çinko (1526) ve antik çağlardan beri bilinen fakat ilk kez 1250 yılında element olarak ayrıştırılan arsenik de yer alır.

1669 yılında Alman simyacı Hennig Brand (1630-1710) bir başka element keşfetmiştir. Brand, idrarını bir şişe içinde toplayıp yoğunlaştırarak fosfor adını verdiği beyaz, ışıldayan bir maddeye dönüştürmüştür.

# AMETALLER

Yunan filozof Aristoteles her şeyin yalnızca toprak, hava, ateş ve su olmak üzere dört elementten meydana geldiğine inanıyordu.

Birkaç yıl sonra İrlandalı kimyacı Robert Boyle (1627-1691) Brand'in deneyinden haberdar olmuştur. Boyle, bu sayede -Brand'in fosforu gibi- gerçek elementlerin maddenin özünü oluşturduğunu fark etmiştir çünkü fosfor Aristoteles'in dört "element"inden birine ayrıştırılamamaktadır.

## Yeni keşifler

18. yüzyılda birçok bilim insanı, maddeleri daha basit parçalara ayırabilmek için çok sayıda deney yapmıştır. Kobalt, krom, nikel ve azot gibi bir dizi yeni element keşfedilmiştir. Bilim insanları 18. yüzyılın sonlarına kadar 33 element tanımlamıştır.

1800'lü yılların başlarında, İngiliz kimyacı Humphry Davy (1778-1829) farklı maddeleri parçalamanın yeni bir yolunu bulmuştur. Günümüzde elektroliz olarak adlandırılan bu yöntemle, bileşikleri elektrik geçirerek elementlerine ayırmıştır. Davy bu yolla potasyum, sodyum, kalsiyum ve baryumu keşfetmiştir. Diğer birçok element tayfölçümü yöntemiyle keşfedilmiştir. Bu yöntemde, nesnelerin yaydıkları ışımalar, tayf adı verilen karakteristik çizgilere göre çözümlenir. Bilim insanları tayfölçümü yöntemiyle, sezyum, helyum ve ksenon gibi yeni elementler keşfetmiştir.

19. yüzyıl sona ermeden iki büyük buluş daha gerçekleşmiştir. Bunlardan ilki soy gazların keşfidir. Soy gazların dış elektron kabukları tamamen doludur, çoğunlukla tepkimeye girmezler, bu nedenle de uzun süre tanımlanamamışlardır. İngiliz bilim insanları Lord Rayleigh (1842-1919) ve William Ramsay (1852-1916) 1894 yılında argonu keşfetmiştir. 1898'e kadar Ramsay kripton, neon ve ksenon olmak üzere üç soy gaz daha bulmuştur. İkinci büyük buluş ise Polonya doğumlu Marie Curie (1867-1934) ve Fransız eşi Pierre Curie'nin (1859-1906) çalışmalarıyla gerçekleşmiştir.

### Humphry Davy

Humphry Davy (1778-1829) zamanının en itibarlı kimyacılarından biriydi. İngiltere'de, Cornwall'de yer alan Penzance'de dünyaya gelen Davy, kariyerine eczacı çırağı olarak başladı. 1799'da, daha laboratuvar asistanıyken kahkaha gazının (diazot oksit) anestezik etkilerini keşfetti.

1801'de Royal Enstitüsü'ne geçtikten sonra, Davy yeni bir teknik olan elektrolize ilgi duymaya başladı. Bu metodu kullanarak sodyum, potasyum, kalsiyum, bor, magnezyum, klor, stronsiyum ve baryumu keşfetti. Ayrıca elektrolizin, pozitif iyonların negatif elektrota; negatif iyonların pozitif elektrota doğru giderek elementlerin elektrik yükünün ayrışması prensibine dayalı olarak çalıştığını ileri sürdü. Bu teori, elektroliz metodunu kullanan alkali endüstrisinde büyük bir açılım sağladı.

Davy kimyanın diğer alanlarına, özellikle tarım, deri tabaklama endüstrisi ve mineralojideki uygulamalara çok önemli katkılarda bulundu.

# ELEMENTLERİ TANIYALIM

Curielerin radyoaktivite çalışmaları 1898'de radyum ve polonyumun keşfedilmesini sağlamış ve 20. yüzyılda diğer bilim insanlarının birçok yeni element bulmasına yardımcı olmuştur.

Birçok bilim insanı periyodik tablonun ortaya çıkmasına yardımcı olan önemli çalışmalar yapmıştır. Bunlardan bazıları modern kimyaya katkılarından ötürü itibar kazanırken bazıları unutulmuştur.

Elementleri gösteren ilk listeyi Fransız kimyacı Antoine-Laurent Lavoisier (1743-1794) *Elementary Treatise of Chemistry* kitabında (1789) yayımlamıştır. Listede hidrojen, cıva, oksijen, azot, fosfor, kükürt ve çinko bulunmaktadır. Ancak Lavoisier bazı hatalar da yapmıştır. Örneğin, listede kireç de yer almaktadır ancak bugün kimyacılar biliyor ki kireç, kalsiyum ve oksijenden oluşan bir bileşiktir.

19. yüzyıl başlarında, İngiliz bilim insanı John Dalton (1766-1844), *A New System of Chemical Philosophy* adlı bir kitap yazmıştır. Dalton, kitabında maddenin yapı taşları olan, atom adı verilen parçacıklardan bahsetmiş, farklı element atomlarının farklı atom kütlesine sahip olduğunu, farklı elementlerin belirli bir bileşiği oluştururken hep aynı miktarlarda birleştiğini belirtmiştir.

## Döbereiner'in Üçlüleri

Alman kimyacı Johann Döbereiner (1780-1849) elementleri üçlü gruplar hâlinde düzenlemiştir. Her üçlüdeki elementler benzer kimyasal özellikler taşır. Örneğin, Döbereiner lityum, sodyum ve potasyum gibi yumuşak ve kolay tepkimeye giren

*Johann Döbereiner elementler arasındaki benzerlikleri esas alarak üçlü gruplar oluşturdu. Bu gruplardan birinde klor, brom ve iyot yer alıyordu.*

üç metali bir gruba yerleştirmiştir. Klor, brom ve iyot gibi üç sert ve zararlı elementten ise bir başka grup oluşturmuştur. Bu düzenlemede her bir üçlüde ortada bulunan elementin atom kütlesi, diğer iki elementin atom kütlelerinin ortalamasıdır. Döbereiner "Üçlüler Kuralı"nı 1829'da yayımlamıştır.

1843'e kadar Alman kimyacı Leopold Gmelin (1788-1853) Döbereiner'in Üçlüleri'ne başka elementler eklemiştir. Gmelin klor, brom, iyot üçlüsüne floru eklemiş ve oluşturduğu dörtlü gruba tetrad adını vermiştir. Gmelin oksijen, kükürt, selenyum ve tellür elementlerinin de benzer kimyasal özelliklere sahip olduğunu fark etmiş ve bu elementler için de bir grup oluşturmuştur.

## Yeni bir düzen

1860'ta İtalyan kimyacı Stanislao Cannizzaro (1826-1910) bilinen elementlerin atom kütlelerinden oluşan bir liste hazırlamıştır. Liste Almanya'nın Karlsruhe şehrinde düzenlenen bilimsel toplantıda açıklanmıştır.

Toplantıya aralarında Fransız jeoloji profesörü Alexandre-Emile Béguyer de Chancourtois'nin (1820-1886) de yer aldığı birçok bilim insanı katılmıştır. De Chancourtois, Avogadro'nun atom kütlelerinden faydalanarak ilk periyodik tablolardan birini oluşturmuş, bu tabloda elementleri atom kütlelerine göre sıralamıştır.

### BİLİMSEL TERİMLER

- **atom kütlesi** Bir atomun çekirdeğinde yer alan proton ve nötron sayısının toplamı.
- **elektroliz** Elektrik akımının bir sıvıdan geçirilmesiyle meydana gelen kimyasal tepkime.
- **dört element** Antik çağlarda, insanların evrendeki her şeyin kendilerinden meydana geldiğine inandığı toprak, hava, ateş ve su.

# AMETALLER

De Chancourtois, elementleri bir silindirin etrafına spiral olarak yerleştirmiş, Gmelin'in oksijen, kükürt, selenyum ve tellürü bir araya getirdiği tetradının spiral üzerinde dikey bir sütun oluşturduğunu fark etmiştir. De Chancourtois oluşturduğu element düzenine "Tellür Spirali" adını vermiştir çünkü tellür, spiralin merkezinde bulunmaktadır.

## Oktav Yasası

1864'te İngiliz kimyacı John Alexander Reina Newlands (1837-1898), bilinen elementleri atom kütleleri düşük olandan yüksek olana doğru listelemiştir. Bu sıralamada, bir elementin kendisinden önceki ve sonraki sekizinci elementle benzer kimyasal özelliklerde olduğunu fark etmiştir. Bu dizilişi

### John Newlands

John Alexander Reina Newlands 26 Kasım 1837'de İngiltere'nin Londra şehrinde doğdu. Bir papaz olan babası İskoç, anne tarafı ise İtalyan'dı. Newlands ilk eğitimini evde babasının gözetiminde aldı, 1856'da Kraliyet Kimya Yüksekokulu'na (Royal College of Chemistry) girdi.

Newlands "Oktav Yasası"nı açıkladığı zaman birlikte çalıştığı bilim insanları çalışmasını değersiz buldular ancak periyodik tablo son şekline geldiği zaman, haklı olduğunu anladılar. Newlands'in çalışması nihayet 1882'de Royal Society Davy Madalyası'nın verilmesiyle hak ettiği değeri kazandı. Newlands 1898'de geçirdiği ağır grip nedeniyle yaşamını yitirdi.

bir oktavda bulunan sekiz notaya benzettiği için "Oktav Yasası" olarak adlandırmıştır. Yasasını 1866'da açıklamış ancak kimyacılar buluşunu ciddiye almamıştır.

## Değeri önemsenmeyen katkılar

1864, kimyacıların elementleri düzenleme denemeleriyle geçen bir yıldır. Önce İngiliz kimyacı, Londra Kimya Topluluğu (Chemical Society of London) Başkanı, William Odling (1829-1921) bilinen elementlerin atom kütlelerine göre sıralanmış tablosunu yayımlamıştır. Odling bilinen elementleri düzenlemekle kalmamış, bilinmeyen elementlerin de var olduğunu göstermek için tabloda boşluklar bırakmıştır. Newlands'in tablosu gibi, Odling'in tablosu da önemsenmemiştir fakat onun kadar önemlidir.

Aynı yıl, Alman kimyacı Julius Lothar Meyer (1830-1895) 49 elementten oluşan bir tablo yayımlamıştır. Meyer, tablosunda elementleri, değerliklerine, yani bir atomun başka atomlarla kurabileceği bağ sayısına göre sıralamıştır. Daha sonra elementleri atom kütlelerine göre sıralayarak yeniden düzenlemiş ancak bu defa benzer değerliğe sahip elementleri de sütunlar hâlinde gruplandırmıştır. Böylece ilk periyodik tabloyu oluşturmuş fakat bulgularını yayımlaması çok uzun zaman almıştır. Bu konuda erken davranan kişi genç Rus kimyacı Dmitry Ivanovich Mendeleyev (1834-1907) olmuştur.

---

### TAYFÖLÇÜMÜ

Tayfölçümü elementlerin tanımlanmasında kullanılan bir tekniktir. Bu teknik, ışığın dalga boylarının veya bir maddeden yayılan x-ışınları, mikrodalga veya radyo dalgaları gibi elektromanyetik ışımanın diğer türlerinin incelenmesi prensibine dayanır. Tüm elementler belli dalga boylarında elektromanyetik ışıma yapar. Bu dalga boylarının birçoğu bizim renk olarak gördüğümüz görünür tayf dizisi aralığında yer alır.

Tayfölçer en basit şekilde, bir maddenin yaydığı ışığı toplar ve ışığı, yönünü değiştirerek farklı dalga boylarına ayıran bir prizmadan geçirir. Bilim insanları, dalga boyları arasındaki açıyı ölçüp elementlere ait bilinen bir tayf çizgisi tablosuna göre değerlendirerek bilinmeyen maddenin nelerden oluştuğunu bulabilir.

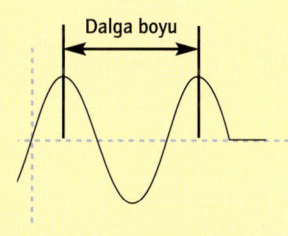

Dalga boyu

Bu renkler helyum elementinin oluşturduğu ışık tayfıdır. Her element kendine has bir tayf oluşturur, böylece kimyacılar ele alınan örnekte hangi elementlerin bulunduğunu tespit eder.

# AMETALLER

Ametaller periyodik tablonun 17. grubundaki halojenlerden, 18. grubundaki soy gazlardan ve atom numaraları küçük olandan büyük olana doğru sıralanan hidrojen, karbon, azot, oksijen, fosfor, kükürt ve selenyumdan oluşur.

Periyodik tabloda ametallerin sayısı metallere göre daha azdır. Ancak, ametaller yeryüzünde metallerden çok daha fazla miktarda bulunur. Atmosfer çoğunluğu azot ve oksijen, çok azı da diğer gazlar olmak üzere bütünüyle ametallerden oluşur. Yerkabuğunun neredeyse yarısı, diğer elementlerle birleşmiş hâlde bulunan oksijenle doludur. Özellikle karbon olmak üzere ametaller tüm organizmaların yaşamlarını sürdürebilmeleri, nefes alabilmeleri ve büyüyebilmeleri için gereklidir. İnsanlar ametaller olmadan hayatta kalamaz.

*Ametaller her yerdedir. Deniz tabanındaki kayaları, okyanusun suyunu, dalış tüpündeki oksijeni, yüzeye doğru yükselen karbondioksit kabarcıklarını ve dalgıcın vücudunun büyük kısmını ametaller oluşturur.*

## Fiziksel özellikleri

Ametaller çeşitli fiziksel özelliklere sahiptir. Standart sıcaklık ve basınçta ametallerin çoğu gaz, çok azı da katı hâldeyken brom elementi sıvı hâlde bulunur. Metallerin aksine ametallerin çoğu ısıyı ve elektriği iyi iletmez. Genellikle erime noktaları metallerinkinden daha düşüktür. Ayrıca katı hâldeki ametaller kırılgandır ve metallere has parlaklıktan yoksundur.

## Kimyasal özellikleri

Neredeyse tüm ametaller dış elektron kabuğunda çok sayıda elektron taşıyan küçük atomlardan oluşur. Soy gazların dış elektron kabukları ise tamamen doludur. Bu nedenle soy gazların atomları kararlıdır; elektronlarını kolay kolay vermezler veya diğer element atomlarıyla paylaşmazlar. Diğer ametallerin dış elektron kabukları ise en azından yarım veya neredeyse tamamen doludur. Ametaller çoğu zaman diğer atomlardan elektron alarak veya onlarla elektron paylaşarak bileşik oluşturur. Elektron alınması veya paylaşılması, kısmen dolu olan bir dış kabuktan daha kararlı, tam dolu bir kabuk oluşturur.

Ametaller kuvvetli bağ yapmış iyonik bileşikler oluşturmak için sıklıkla metal atomlarından elektron alır. Diğer ametallerle ise elektron paylaşarak bağ (kovalent bağ) oluştururlar.

## Hidrojen

Hidrojen, evrendeki en yaygın element ve benzeri olmayan bir ametaldir. Bu görünmeyen, kokusuz gazın atomları oldukça küçüktür. Her birinin dış elektron kabuğunda yalnızca 1 elektron vardır. Hidrojen atomu kimyasal tepkimelerde elektronunu diğer elementlerin atomlarına verme eğilimindedir. Böylece bir ametalden ziyade bir metal gibi davranır. Bu nedenle de periyodik tabloda, en soldaki 1. grup metallerin ilk satırında yer alır.

# AMETALLER

| | | | | | 2<br>**He**<br>Helyum<br>4 |
|---|---|---|---|---|---|
| 1<br>**H**<br>Hidrojen<br>1 | 6<br>**C**<br>Karbon<br>12 | 7<br>**N**<br>Azot<br>14 | 8<br>**O**<br>Oksijen<br>16 | 9<br>**F**<br>Flor<br>19 | 10<br>**Ne**<br>Neon<br>20 |
| | | 15<br>**P**<br>Fosfor<br>31 | 16<br>**S**<br>Kükürt<br>32 | 17<br>**Cl**<br>Klor<br>35 | 18<br>**Ar**<br>Argon<br>40 |
| | | | 34<br>**Se**<br>Selenyum<br>79 | 35<br>**Br**<br>Brom<br>80 | 36<br>**Kr**<br>Kripton<br>84 |
| | | | | 53<br>**I**<br>İyot<br>127 | 54<br>**Xe**<br>Ksenon<br>131 |
| | | | | 85<br>**At**<br>Astatin<br>(210) | 86<br>**Rn**<br>Radon<br>(222) |

Ametaller periyodik tablonun sağ-üst köşesini oluşturur. Çoğu gaz, bir kısmı ise katı hâldedir. Tablonun sol tarafına, 1. gruba yerleştirilen hidrojen, gaz hâlinde olduğu için bu elementler arasında yer alır.

## AMETAL ELEKTRONLARI

Ametallerin dış elektron kabuğunun durumu yarı dolu (karbon) ile tam dolu (neon) arasında değişir. Ametaller, diğer ametallerle elektron paylaşarak veya onlardan elektron alarak değişik bileşikler oluşturur. Burada gösterilen ametallerden sadece neon dış elektron kabuğu dolu olduğundan kimyasal tepkimeye girmez.

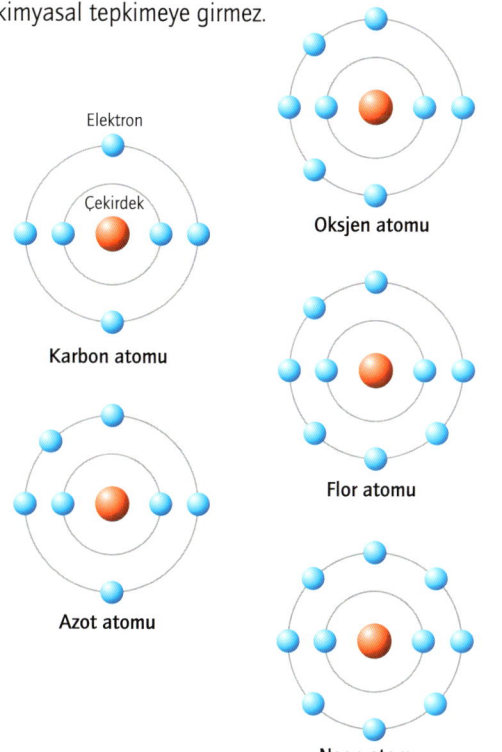

Gaz hâlindeki birçok ametal gibi hidrojen de doğada çift atomlu molekül (tek bir bağla bağlanmış iki atom) şeklinde bulunur.

Hidrojen güçlü bir patlayıcıdır. Öyle ki, 20. yüzyılın başlarında dev zeplinlerin havalandırılmasında kullanılmıştır. Fakat daha sonra meydana gelen birçok felâket nedeniyle, hidrojenle şişirilmiş tüm zeplinler kullanımdan kaldırılmıştır. Günümüzde ise hidrojen elementi, amonyak ve asit gibi birçok önemli kimyasalın üretiminde ve margarin imalatında kullanılıyor ve yakıt olarak tüketiliyor.

## Katı ametaller

Üç ametal normal şartlarda katı hâldedir. Bunlar, karbon (14. Grup), fosfor (15. Grup) ve kükürttür (16. Grup). Bu üç element, allotrop adı verilen farklı yapılara sahiptir. Bir maddenin, aynı hâlde (katı, sıvı veya gaz) bulunan iki veya daha fazla biçimi allotrop olarak nitelendirilir.

# AMETALLER

*Dünyadaki en pahalı allottroplar, karbonun göz kamaştıran, kesilerek kusursuz yüzeyler oluşturulmuş biçimi olan elmastır.*

Karbonun grafit ve elmas dâhil olmak üzere birkaç katı allotropu bulunur. Her bir allotrop karbon atomlarının düzenli bir şekilde dizilmesiyle meydana gelir. Elmasta bu kristal yapı oldukça kararlıdır. Bunun bir sonucu olarak da elmas doğadaki bilinen en sert maddelerden biridir, bu nedenle kesme aletlerinde kullanılır. Aynı zamanda oldukça pahalı süstaşları arasında yer alır.

Elmasın aksine grafit kristalleri ise birbiri üzerinde kolaylıkla hareket eden (kayan) tabakalardan oluşmuştur. Grafit, kristallerindeki kayma özelliği nedeniyle kaydırıcı olarak da kullanılır. Bunun yanı sıra, kille karıştırılarak kalemlerde "kurşun" olarak kullanılır. Grafit ayrıca elektrik ileten tek ametal elementtir.

Fosforun en önemli iki allotropu beyaz ve kırmızı fosfordur. Siyah fosfor olarak adlandırılan bir allotropu daha vardır fakat yalnızca yüksek basınç altında oluşturulabilir. Karbon gibi, fosfor allotroplarının kristal yapıları da farklılık gösterir. Beyaz fosfor tepkimeye en yatkın allotropudur. Bu mumsu madde, havadaki oksijenle tepkimeye girmesini önlemek için yağ veya su içinde saklanır. Beyaz fosfor askeri operasyonlarda sis perdesi oluşturmak için kullanılır. Kırmızı fosfor ise beyaz fosfordan daha kararlıdır. Kibrit ve havai fişek yapımında kullanılır.

Karbon gibi, fosfor da organizmalar için önemli bir elementtir: Hem fosfat olarak kemik ve dişlerde hem de bitkilerin karbondioksit ve suyu besine dönüştürdüğü fotosentezde kullanılır.

Kükürt ise yeryüzünde en bol bulunan 9. elementtir. Çoğunlukla kullanışlı metallerle bileşik cevher hâlinde bulunur. Yer altı saf kükürt yataklarında, kaplıca ve yanardağ çevrelerinde sıkça rastlanır.

Element hâlindeki kükürt, yani kükürtün başka bir elementle birleşmemiş saf hâli uçuk sarı renkte, yumuşak kristaller şeklindedir. Ancak kimyacılar sekiz farklı allotropunu tanımlamıştır. Kükürt kimya endüstrisi için çok önemli bir elementtir. Çoğunlukla sülfürik asit yapımında, bunun yanı sıra deterjan, lastik, patlayıcı madde, petrol ürünleri gibi daha pek çok temel ürünün imalatında kullanılır.

## Azot ve oksijen

Azot ve oksijen atmosferdeki iki temel gazdır. Atmosferin hacimce yaklaşık %78'ini azot, %21'ini ise oksijen oluşturur. Kimya endüstrisinde kullanılan azot ve oksijenin çoğu havadan elde edilir. Azot çift atomlu molekül oluşturma eğiliminden dolayı oda sıcaklığında renksiz, kokusuz ve tepkisizdir.

---

### BİLİMSEL TERİMLER

- **allotrop** Bir elementin, atomlarının farklı dizilimleriyle oluşan farklı biçimleri.
- **ozon** Üç oksijen atomunun birleşerek bir molekül oluşturdukları yapı.
- **fotosentez** Bitkilerin karbondioksit ve suyu, güneş enerjisini kullanarak şekere ve oksijene dönüştürdüğü kimyasal tepkime.

# AMETALLER

Amonyak ve nitrik asitten, boya, patlayıcı madde ve gübreye kadar pek çok kullanım alanı vardır. Sıvı azot ise birçok endüstride soğutucu madde olarak kullanılmasının yanında donmuş tıbbi numunelerin saklanmasında kullanılır.

Birçok ametal gibi azot da organizmaların kimyasının önemli bir parçasıdır. İnsan vücudundaki pek çok molekül azot atomu içerir. İnsanlar, azotu bitkilerden alırken bitkiler topraktan alır. Azotun toprağa geçmesinin yollarından biri gök gürültülü ve şimşekli fırtınalardır. Şimşek çaktığında havadaki azot ve oksijen atomları tepkimeye girerek azot oksit oluşturur. Azot oksit de yağmur yoluyla toprağa geçer. Bunun yanı sıra topraktaki bakteriler de havadaki azotu, nitrat adı verilen bileşiklere dönüştürebilir. Daha sonra nitratlar bitkiler tarafından emilir.

Hem azot hem de oksijen doğada çift atomlu molekül hâlinde bulunur. Oksijen ayrıca üç oksijen atomunun birleşimi olan ozon molekülü ($O_3$) şeklinde de bulunur. Azot gibi, oksijen de görünmez ve kokusuz bir gazdır. Pek çok madde açıkta bırakıldığında havadaki oksijenle tepkimeye girer. Yanma basitçe, bir maddenin oksijenle tepkimeye girmesidir.

Oksijen sıvı olarak saklanır ve çoğunlukla çelik imalatında kullanılır. Sıvı oksijen ayrıca roket yakıtı olarak da kullanılır. Oksijen, nefes almaya ihtiyaç duyduklarından hayvanlar için de hayati öneme sahiptir. Bitkiler ise fotosentez sırasında oksijen üretir.

## Halojenler

Halojenler periyodik tablonun 17. grubunu oluşturur. Oda sıcaklığında, halojenlerin fiziksel özellikleri büyük bir çeşitlilik gösterir. Halojenler katı iyot, sıvı brom, gaz flor veya klor şeklinde olabilir. Kimyasal özelliklerine bakıldığında tipik ametallerdir, genellikle diğer elementlerin atomlarından elektron alırlar.

### KÖTÜ KOKULU KÜKÜRT

Saf kükürt kokusuz olmasına rağmen, kükürt elementi son derece kötü kokan bileşikler oluşturmaya yatkındır. Çürük yumurtada da kokan hidrojen sülfür ($H_2S$) gazı bu kötü kokuların en çok bilinenidir. Bu kokuya, hidrojen sülfür üreten bakterilerle kirlenmiş su kuyularında ve tesisatlarında sıkça rastlanır. Ayrıca petrol kuyuları, yanardağlar ve bazı termal kaplıcalardan da bu koku yayılır. Hidrojen sülfür, koku bombasının ana maddesi olması nedeniyle muhtemelen pek çok öğrenci tarafından da iyi bilinir.

Bunlarla birlikte kükürt, özellikle tiyol veya merkaptan olmak üzere birçok organik bileşikte bulunur. Tiyol sarımsak, haşlanmış kabak, bozulmuş et ve ağız kokusunun sebebidir. Ayrıca bazı hayvanlar tarafından da çeşitli amaçlarla kullanılır, örneğin kokarca avcılarını uzaklaştırmak için tiyol salgılar. Tiyolün bazı faydaları da vardır. Gaz firmaları insanların gaz sızıntısını fark edebilmeleri için kokusuz olan doğal gaza az miktarda tiyol ekler. Tüm tiyoller kötü kokmaz. Şaraptaki bazı aromalar ve üzüm kokusu da tiyoller tarafından üretilir.

*Kokarcaların çıkardığı keskin kokunun nedeni kükürt içeren organik kimyasallar olan tiyollerdir.*

# AMETALLER

Tepkime yatkınlıkları yüksektir, tepkimeye en yatkın halojen ise flordur. Örneğin, halojenler alkali metallerle kolaylıkla tepkimeye girerek iyonik bileşikleri oluştururlar. Alkali metal atomu, halojen atomuna bir elektron vererek kararlı bir iyon bileşiği oluşturur. Sofra tuzu (sodyum klorür) bunların en bilinenidir. Kimyasal formülü NaCl'dir.

Halojenler çeşitli amaçlarla kullanılır. Klor sudaki mikropları öldürmek için zaman zaman yüzme havuzlarına atılır. Flor ise dişlerin ve kemiklerin

güçlenmesine yardımcı olduğu düşünüldüğünden genellikle diş macunlarına ve içme sularına konur. İyot koyu mor renkte katı bir maddedir ve insanların beslenmesinde önemli bir yere sahiptir. Ayrıca çoğunlukla hafif bir antiseptik olarak cilttteki zararlı mikropların yayılmasının engellenmesine veya öldürülmesine yardımcı olur.

## Soy gazlar

Soy gazlar periyodik tablonun 18. grubunda (bazen 0. grup olarak da adlandırılır) bulunur. Bu grubun tüm üyeleri oda sıcaklığında gaz hâlindedir ve düşük kaynama noktalarına sahiptir. Soy gazların dış elektron kabukları tamamen doludur. Bu atomlar kararlıdır ve normalde diğer elementlerin atomlarıyla tepkimeye girmez.

Soy gazlar ilk başta "eylemsiz" gazlar olarak adlandırılmıştır. Eylemsiz "tepkime yatkınlığı olmayan" anlamında kullanılmıştır ve bu gazların hiçbir maddeyle

### OKSİJENİ KİM KEŞFETTİ?

1770'lerin başlarında bilim insanları yanmanın kimyasal nedenlerini anlamaya çalışıyordu. Pek çoğu, maddelerin flojiston içerdiğini, madde yandıkça da flojistonun havaya karıştığını düşünüyordu. Flojiston Kuramı hayvanların nasıl nefes aldığını ve metalin nasıl paslandığını açıklamak için de kullanıldı. 1772'de İsveçli kimyacı Karl Wilhelm Scheele (1742-1786) metal oksitleri ısıtarak yanma üzerine deneyler yaptı ve görünmez bir gazın açığa çıktığını fark etti. İki yıl sonra, İngiliz kimyacı Joseph Priestley (1733-1804) de aynı şeyi keşfetti. Fakat ne Priestley ne de Scheele gerçeğe bu kadar yakın olduğunun farkındaydı. Keşfi yapan kişi Fransız kimyacı Antoine-Laurent Lavoisier (1743-1794) oldu. Lavoisier de Fransa'nın Paris şehrinde yanma üzerine deneyler yapıyordu ve Flojiston Kuramı'nın yanlış olduğuna inanmıştı. Pristley'in yaptığı deneyleri öğrenince, yanma olayına neden olanın bu görünmez gaz olduğunun farkına vardı. Lavoisier gazın birçok maddeyle asidik bileşikler oluşturduğunu da belirledi ve gaza Yunancada "asit üreten" anlamına gelen "oksijen" ismini verdi. Oksijenin keşfinde tüm övgüleri toplayan Lavoisier olurken Scheele ve Pristley'in katkıları uzun yıllar önemsenmedi.

# AMETALLER

*Ampuller, elektrik verildiğinde akkor hâle gelip ışık yayan gazlarla doludur. Bu gazların çoğu neon, kripton veya ksenon gibi soy gazlardır. Halojenler de, parlak beyaz ışık verdiklerinden araba farı ve sis lambası gibi pek çok aydınlatma aracında kullanılır.*

## ÇİFT ATOMLU MOLEKÜLLER

Çift atomlu moleküller, aynı elemente veya farklı elementlere ait iki ametal atomun elektron paylaşma ilgisiyle (kovalent bağla) bir araya geldiği moleküllerdir. Doğada yedi element, çift atomlu molekül şeklinde bulunur. Bunlar ametaller, hidrojen ($H_2$), azot ($N_2$), oksijen ($O_2$), flor ($F_2$), klor ($Cl_2$), brom ($B_2$) ve iyottur ($I_2$). Atmosferin neredeyse tamamı (%99'u) çift atomlu oksijen ve azottan oluşur.

Karbon monoksit (CO), hidrojen florür (HF) ve azot monoksit (NO) de çift atomlu molleküllerdir.

tepkimeye girmediğini ifade eder. Ancak laboratuvar ortamında, ksenon elementinin florla tepkimeye girmesi sağlanmıştır. Günümüzde 18. gruptaki gazlar "soy gaz" olarak adlandırılır. "Soy" ifadesi, kimyada ve simyada oksijenle tepkimeye girmeyen metaller için de kullanılmıştır.

Soy gazların önemli kullanım alanları vardır. Helyum görünmez ve kokusuz bir gazdır. Tepkime yatkınlığının olmaması ve havadan daha hafif, hidrojenden ise daha güvenli olması nedeniyle balonların ve zeplinlerin şişirilmesinde kullanılır. Sıvı helyum ise ilginç ve farklı özellikleriyle bilim insanlarının ilgisini çekmiştir: Ne kaynatılabilir ne de sıcaklığı düşürülerek katı hâle getirilebilir. Hatta çok düşük sıcaklıklarda yerçekimine meydan okuyabilir ve bulunduğu kabın çeperlerine tırmanarak dışarı taşabilir.

Soy gazların bir diğer önemli kullanım alanı da neon lambalarıdır. Bu parlak renkli lambaların yapımında genellikle neon kullanılır ancak ksenon ve kripton lambaları da oldukça yaygındır. Ksenon, stroboskopik (açık-kapalı) flaş tüplerini doldurmak için de kullanılır. Kripton da flaşların doldurulmasında giderek daha yaygın hâle gelmektedir. Argon ise kaynak işlemi sırasında metalleri oksitlenmeden korumak amacıyla kullanılır.

*Sudaki mikropların öldürülmesi için yüzme havuzlarında sıklıkla klor veya klor dioksit kullanılır.*

# HİDROJEN

Hidrojen periyodik tabloda en üstte, ilk sırada yer alan gaz hâlinde bir elementtir. Diğer tüm elementler hidrojenden türer, bu oluşum süreci yıldızlarda başlar.

Hidrojen (H) en hafif ve evrende en yaygın bulunan kimyasal elementtir. Evrendeki tüm maddelerin yaklaşık kütlece %75'ini hidrojen oluşturur. Evrendeki tüm atomlar sayılacak olsa %90'ından fazlasının hidrojen atomu olduğu görülür. Atmosferde ise hidrojen gazı nadiren bulunur, çünkü çok hafif olduğundan yerçekiminden kurtularak uzaya doğru yükselir. Buna karşın hidrojen yeryüzünde en bol bulunan 10. elementtir. Yeryüzündeki hidrojenin ana kaynağı sudur ($H_2O$). Bunun yanında metan ($CH_4$) ve fosil yakıtlarda bulunan hidrokarbonlar da hidrojen sağlar.

### HINDENBURG

Hidrojenin fiziksel ve kimyasal özelliklerinin ne derece tahrip edici olduğu Hindenburg ile anlaşıldı. Hindenburg bir zeplindi. 1936 yılında Almanya'da üretilmişti, üç Boeing 747'nin boyundan daha uzundu ve zamanının gelmiş geçmiş en büyük zepliniydi. Hindenburg havadan daha hafif hâle gelmesi için hidrojenle dolduruldu. Hidrojen öyle hafif bir elementti ki kaldırma kuvveti zeplini havalandırmak için mükemmeldi. 200.000 m³ hidrojen 123,3 ton ağırlığı kaldırabilirdi. Zeplinin dört dizel motoru vardı ve ulaşabildiği en yüksek hız 135 km/sa idi. Hindenburg Amerika Birleşik Devletleri'ne yaptığı yolculuk sırasında, hidrojenin en önemli kimyasal özelliklerinden birini ortaya çıkardı. 6 Mayıs 1937'de, New Jersey'deki Lakehurst Deniz Kuvvetleri Havalimanı'nda patlayarak alevlere teslim oldu. Yangının gerçek nedeni bilinemedi ancak olay, hidrojenin patlayıcı bir kimyasal olduğunu açıkça gözler önüne serdi.

## Fiziksel özellikleri

Hidrojenin atom kütlesi 1,00794'tür. Bu, hidrojenin çekirdeğinde bulunan protonun kütlesidir. Hidrojen renksiz, kokusuz ve tatsızdır. Standart sıcaklık ve basınçta hidrojen gaz hâlindedir ($H_2$). Evrenin büyük kısmında plazma hâlinde bulunur; plazma bir maddenin en yüksek enerji seviyesine sahip hâlidir. Hidrojen yıldızlarda, aşırı sıcaklık ve basınç nedeniyle nükleer füzyona uğrar. İki hidrojen atomu birleşerek bir helyum atomu oluşturur. Bu birleşme tepkimesinde ısı ve ışık olarak çok yüksek miktarda enerji açığa çıkar.

0°C'de hidrojen, litrede 0,08988 gram yoğunluğa sahiptir ve böylece en hafif elementtir. Erime noktası -259,1°C, kaynama noktası ise -252,9°C'dir. Kaynama

# AMETALLER

Hidrojen evrenin pek çok yerinde bulunur. Birleşmekte olan bu iki gökadanın her yerine yayılmış mavi parlak noktacıklar yıldız oluşumunun gerçekleştiği yerler. Noktacıkların etrafını saran pembelikler ise kor hâlindeki hidrojen gazı.

### BİLİMSEL TERİMLER

- **atom** Bir elementin özelliklerini taşıyan en küçük parçası.
- **element** Aynı tür atomların oluşturduğu madde.

## HİDROJEN

Hidrojen en basit yapılı elementtir. Sadece bir protonu ve bir elektronu vardır.

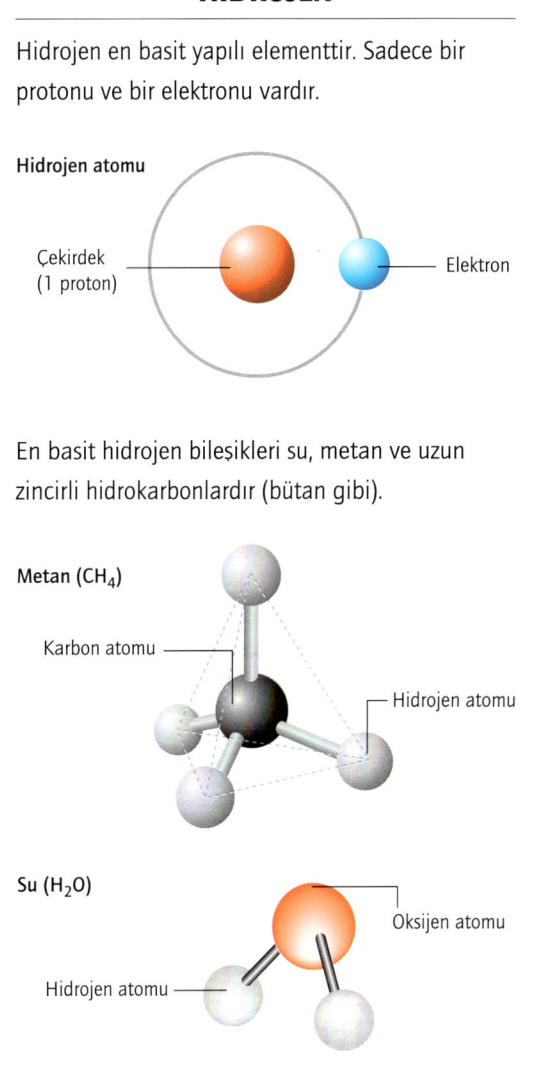

En basit hidrojen bileşikleri su, metan ve uzun zincirli hidrokarbonlardır (bütan gibi).

noktası çok düşük olduğu için, element hâlindeki (birleşmemiş) hidrojen her zaman gaz hâlindedir.

## Kimyasal özellikleri

Hidrojen periyodik tablodaki ilk elementtir. Çekirdeğinde bir proton bulunur, bu nedenle atom numarası 1'dir. Bir hidrojen atomunun bir protonu ve bir elektronu vardır. Elektron, atomu çevreleyen yörüngede yer alır. Protonlar ve elektronlar atomu oluşturan çok küçük parçacıklardır. Kararlı bir molekül oluşturmak için hidrojen (H) elementi, aralarında bağ yapmış iki hidrojen atomu şeklinde bulunur. İki atomun bu şekilde dizilişi, hidrojeni çift atomlu element hâline getirir. Çift atomluluk ametallerde sıklıkla görülür.

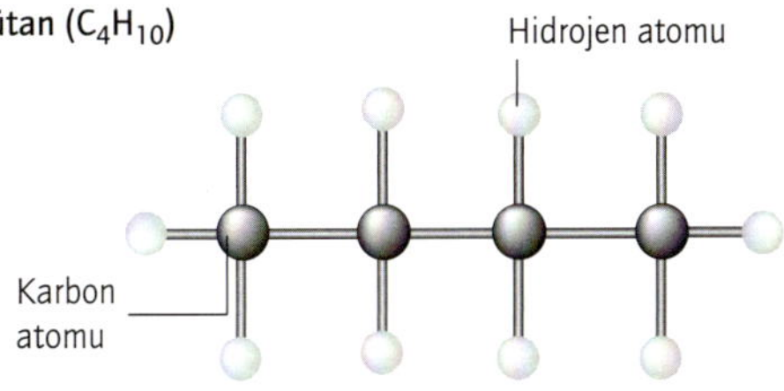

# HİDROJEN

Hidrojen, tepkimeye oldukça yatkındır. Tutuşturulduğu zaman hızla oksijenle tepkimeye girerek suyu oluşturur. Ayrıca havayla, halojenlerle ve güçlü oksitleyicilerle, yani tepkimeye yatkın oksijen bileşikleriyle de hızla tepkimeye girerek yangın ve patlamalara neden olur. Bu tepkimeler platin ve nikel gibi katalizörler, yani tepkimeyi hızlandıran maddeler vasıtasıyla hızlandırılabilir. Hidrojen, çok sayıda karbon ve hidrojen atomu içeren karmaşık yapılı maddeler olan organik kimyasalları oluşturmak için karbonla da kolaylıkla tepkimeye girer.

## Önemli tepkimeleri

Tepkime yatkınlığı yüksek olduğundan ve yaygın bulunduğundan hidrojen içeren pek çok tepkime vardır. Hidrojenin oksijen bulunan bir ortamda yanması suyu ($H_2O$) oluşturur ve enerji açığa çıkarır. Hidrojen gazı içeren diğer tepkimeler, çok büyük ölçüde enerji açığa çıkardığı için genellikle çok şiddetlidir. Hidrojen içeren bileşiklerin tepkimeleri ise genellikle daha az şiddetlidir. Hidrokarbonlar güç motorlarına ısı sağlamak amacıyla yakılır. Asitler ise hidrojen gazı açığa çıkarabilmek için metallerle tepkimeye girer.

## Hidrojen bileşikleri

Su, büyük olasılıkla yeryüzündeki en önemli hidrojen bileşiğidir ve yaşam için gereklidir. Organizmaların büyük bölümü sudur. Örneğin insan vücudunun yaklaşık üçte ikisi sudur. Çözünen maddelerin vücutta taşınabilmesi için suya ihtiyaç vardır. Ayrıca, vücuttaki pek çok biyokimyasal tepkimenin gerçekleşebilmesi için de su gereklidir. Bitkiler, besin ve oksijen üretmek için su ve karbondioksit kullanır.

Hidrokarbonlar da hidrojen içeren önemli bileşiklerdir. Milyonlarca farklı hidrokarbon vardır. Bunlardan en basiti metandır. Metan dışındaki hidrokarbonlar, birçok karbon atomunun birbirine bağlandığı zincirlerden oluşur. Hidrojen atomları, karbon atomlarındaki tüm boşta kalan bağları doldurur.

Su yeryüzünde en fazla bulunan hidrojen bileşiğidir. Gezegenimizdeki tüm canlılar hayatta kalabilmek için bu basit bileşiğe ihtiyaç duyar.

## İzotoplar

Daha önce de belirtildiği gibi, hidrojen atomlarının büyük bir kısmı bir proton ve bir elektrondan oluşur. Aslına bakılırsa, tüm hidrojen atomlarının %99,985'i bir proton ve bir elektrona sahiptir fakat hidrojenin farklı izotopları da vardır. İzotoplar, bir elementin elektron ve proton sayısı aynı, nötron sayısı farklı olan atomlarıdır. Nötronlar elektrik yükü olmayan parçacıklardır. Farklı izotoplarına farklı adlar verilen tek element hidrojendir. Hidrojenin en yaygın izotopu (yani, normal bir hidrojen atomu) protyum olarak adlandırılır. Hidrojenin diğer izotopu bir proton, bir elektron ve bir nötrona sahiptir. Bu izotop döteryum olarak adlandırılır ve tüm hidrojen atomlarının yaklaşık %0,015'ini oluşturur. Döteryum

# AMETALLER

nükleer endüstrisinde ve deneylerde kullanılan, "ağır su" olarak bilinen $D_2O$'nun üretiminde kullanılır. Hidrojenin doğal olarak bulunabilen üçüncü izotopunda ise bir proton, bir elektron ve iki nötron vardır. Trityum olarak adlandırılan bu izotop oldukça nadir bulunur.

## Laboratuvarda üretim

Laboratuvar ortamında hidrojen gazı üretmenin en yaygın yöntemi farklı birçok metalden birini asit veya bazla işlemden geçirmektir. Yaygın kabul gören tanıma göre hidrojen iyonu ($H^+$) üreten maddeler asittir. Çinko gibi bir metalin sulu çözeltisine asit eklendiği zaman tepkimede hidrojen gazı ve tuz açığa çıkar:

$$Zn + 2HCl \rightarrow ZnCl_2 + H_2$$

Çinko + Hidroklorik asit → Çinko Klorür + Hidrojen

Yaygın kabul gören tanıma göre hidroksit iyonu ($OH^-$) üreten maddeler bazdır. Sodyum (Na) gibi tepkime yatkınlığı yüksek olan bir maddeye su (aynı zamanda bir hidroksit iyonu kaynağıdır) eklendiği zaman, tepkimede hidrojen gazı ve baz (sodyum hidroksit, NaOH) açığa çıkar:

$$2Na + 2H_2O \rightarrow 2NaOH + H_2$$

## Endüstriyel üretim

Hidrojenin ticari üretiminde başlıca iki yöntem kullanılır. İlki hidrokarbonlardan hidrojen uzaklaştırma yöntemidir. Yaygın olarak kullanılan bu yöntem, buhar- metan yeniden oluşturma yöntemi olarak adlandırılır. Su buharının, yüksek sıcaklıkta metan ($CH_4$) ile tepkimeye girmesiyle karbon monoksit (CO) ve hidrojen gazı açığa çıkar. Bu tepkime aynı zamanda yüksek basınç altında gerçekleştirilir, böylece yüksek basınçlı hidrojen, endüstriyel işlemler için kullanıma hazır hâle gelir.

Buhar-metan yeniden oluşturma yöntemi şu şekilde gösterilir:

$$CH_4 + H_2O \rightarrow CO + 3H_2$$

Bu tepkimede elde edilen karbon monoksit, daha fazla hidrojen üretmek için başka bir tepkimede kullanılabilir:

$$CO + H_2O \rightarrow CO_2 + H_2$$

Hidrojen üretmek için kullanılan diğer yöntem elektrolizdir. Elektrolizde hidrojen ve oksijen gazı oluşturmak için sudan elektrik akımı geçirilir.

Hidrojen, klor-alkali işlemi kullanılarak da üretilir. Bir sodyum klorür çözeltisinden akım geçirilerek klor, hidrojen ve sodyum hidroksit üretilir.

## HİDROJEN YAKITI

Hidrojenle çalışan arabalar, petrolün tükenmeye başlamasıyla gelecekte daha yaygın hâle gelebilir. Ancak fosil yakıtların aksine doğada saf hidrojen bulunmaz. Bu nedenle, hidrojenin yakıt olarak kullanılması öncelikle hidrojen üretecek enerjinin harcanmasını gerektirir. Bu, hidrojenin iyi bir yakıt olmadığı anlamına gelmez. Hidrojen uzaya gönderilen roketlere güç sağlamak için kullanılır. Hidrojenle çalışan araçların en önemli faydalarından biri, herhangi bir kirletici madde açığa çıkarmamalarıdır. Hidrojenin yanmasıyla açığa çıkan tek ürün sudur.

# KARBON

Karbon elementinin yaklaşık 10 milyon bileşik oluşturduğu biliniyor. Karbon bileşikleri yeryüzündeki tüm yaşamın temelini oluşturur. Bu element oldukça sert olan elmastan, çok yumuşak olan grafite kadar pek çok biçimde bulunur.

Karbon, ametal bir kimyasal elementtir. Periyodik tabloda C sembolü ile gösterilir. Atom numarası 6, atom kütlesi ise 12,0107'dir. Evrende en bol bulunan 6. elementtir. Bilinen tüm yaşamın temelini oluşturduğundan en çok tanınan elementtir. Karbon bileşikleri üzerine yapılan çalışmalar çoğunlukla organik kimyanın konusudur fakat bu bölümde inorganik karbon üzerinde duracağız.

## Fiziksel özellikleri

Karbon birçok farklı biçimde, yani farklı allotroplar hâlinde bulunur. Allotroplarından birisi grafittir. Grafit bilinen en yumuşak minerallerdendir. Kille karıştırılarak kurşunkalem ucu üretiminde kullanılır. Yoğunluğu 2,267 g/cm$^3$tür. Elmas, karbonun çok farklı bir allotropudur. Doğal yolla oluşan en sert mineral elmastır. Yoğunluğu 3,513 g/cm$^3$tür. Grafit ve elmasın bu kadar farklı özelliklere sahip olması karbon atomlarının dizilişiyle ilgilidir. Karbon neredeyse her zaman katı hâldedir. Erime noktası 3527°C, kaynama noktası ise 4027°C'dir. Bu sıcaklıklar çok yüksek olduğu için, karbon yeryüzünde sıvı veya gaz hâlinde bulunmaz ancak, yıldızlarda bulunabilir.

## Kimyasal özellikleri

Karbonun birçok farklı biçimde bulunmasının nedeni çok farklı şekillerde bağ yapabilmesidir. Dış elektron kabuğu yarı dolu olan karbon nispeten küçüktür. Bu durum, karbona pek çok özel nitelik kazandırır. Dış kabuğunu doldurmak için dört kovalent bağ yapmaya ihtiyacı vardır (elektronlarını diğer atomlarla paylaşır). Bu kovalent bağlar, tekli, çift veya üçlü bağ şeklinde olabilir. Karbon, dört bağ yapabilen nadir elementlerden biridir ve bu denli farklı bağ düzenine sahip tek elementtir. Diğer birçok elementle yaptığı gibi bir karbon atomuyla da bağ yapabilir. Bu durum uzun zincirli karbon atomlarının oluşturulmasına imkân sağlar. Bu karbon atomu zincirleri organik kimyanın temelini oluşturur.

*Kurşun kalemlerin yazan kısmını oluşturan madde, bir karbon allotropu olan grafit içerir. Kalem yapmak için toz hâline getirilmiş grafit, kil ve mum tozu karışımına su eklenir ve karışım ince tüplerde kalıplanır. Bu kalıplar sıcak fırında sertleştirilir ve tahta çubuklar içerisine yerleştirilir.*

# AMETALLER

## KARBONUN YAPISI

Bağ yapmamış bir karbon atomunun iç elektron kabuğunda iki; dış, yani değerlik elektron kabuğunda ise dört elektronu vardır. Dış elektron kabuğunu doldurmak için karbon atomunun diğer atomlarla dört bağ yapması gerekir. Karbon atomunun çekirdeğinde 6 proton bulunur, bu nedenle atom numarası da 6'dır. Çekirdekte ayrıca 6 nötron vardır. Karbonun atom kütlesi, nötron ve protonların kütlelerinin toplamı olan 12'dir.

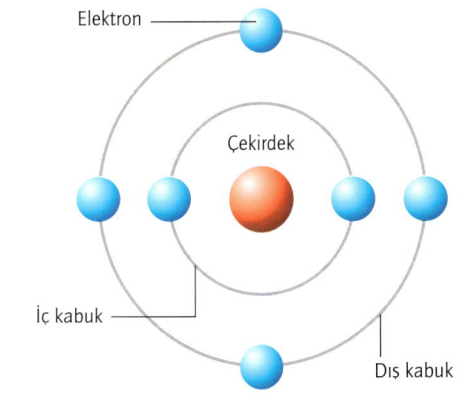

Diğer bir fulleren allotropu, kümelenmiş elmas nano çubuk veya ADNR (Aggregated Diamond NanoRod) olarak adlandırılır. ADNR'nin şekli nanotüpe, yapısı ise elmasa benzer. Fulleren ADNR bilinen en sert maddedir, hatta elmastan daha serttir.

Bir diğer karbon allotropu ise karbon nanoköpüktür. 1997'de keşfedilen bu allotrop üç boyutlu gevşek bir ağ içinde kümelenmiş düşük yoğunluklu karbon atomlarından oluşur. Her bir küme yaklaşık 4000 karbon atomundan meydana gelir. Bunlar grafitte olduğu gibi tabakalar hâlinde birbirlerine bağlanır. Karbon nanoköpük, havadan yalnızca birkaç kat daha yoğundur ve oldukça zayıf bir elektrik iletkenidir ama beklenmedik bir şekilde, mıknatıslara doğru çekim gösterir.

*Bu araç yangınında görüldüğü gibi, karbonca zengin maddeler yandığı zaman karbon, duman olarak açığa çıkar. Duman ve arkasında bıraktığı is amorf karbon olarak da adlandırılır.*

## Karbon allotropları

Karbonun alabileceği farklı moleküler yapılara allotrop denir. Karbonun elmas ve grafitten başka birkaç allotropu daha vardır. Amorf karbon, kristal yapısı bulunmayan allotropudur. Kömür ve kurum bazen amorf karbon olarak nitelendirilir.

Fullerenler, 1985'te keşfedilen karbon allotroplarıdır. İsimlerini bir bilim insanı ve mimar olan Richard Buckminster Fuller'den (1895-1983) almışlardır. Fullerenler bütünüyle küçük, içi boş küre veya boru şeklindeki karbon atomlarından oluşan moleküllerdir. Küresel yapıdaki fullerenler bucky-küresi; silindir şeklindeki fullerenler de nanotüp olarak adlandırılır. Bir karbon nanotüpün çapı, bir saç telinin çapından yaklaşık 50.000 defa daha küçüktür.

# KARBON

## DEMİR ERGİTME

Demir cevheri, saf (birleşmemiş) demirin (Fe) yanı sıra kükürt ve oksijen gibi birçok yabancı madde (safsızlık) de içerir. Demir, çelik yapımında kullanılmadan önce bu yabancı maddelerin uzaklaştırılması gerekir. Saf demir, ergitme denilen bir işlemle cevherden ayrıştırılır. Yabancı maddeleri uzaklaştırmak için kok hâlinde karbon, ergimiş demir cevherine eklenir. Karbon burada indirgeyici işlevini görür, yani elektronlarını verir, yabancı maddeye bağlanarak uzaklaşmasını sağlar ve geride saf demir kalır.

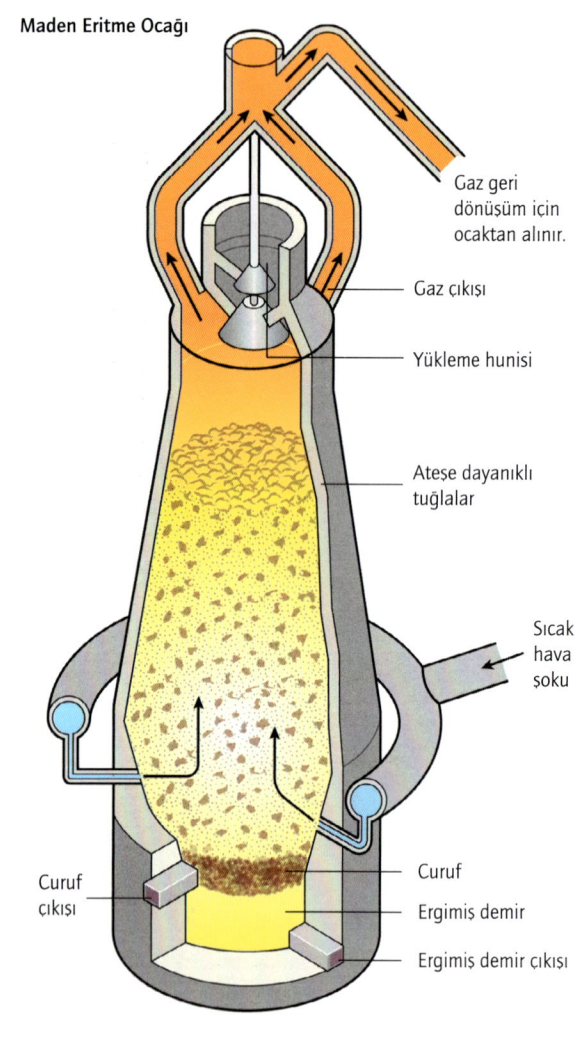

**Maden Eritme Ocağı**
- Gaz geri dönüşüm için ocaktan alınır.
- Gaz çıkışı
- Yükleme hunisi
- Ateşe dayanıklı tuğlalar
- Sıcak hava şoku
- Curuf
- Ergimiş demir
- Curuf çıkışı
- Ergimiş demir çıkışı

Arizona'daki Barringer Krateri binlerce yıl önce Canyon Diablo göktaşının Dünya'ya çarpmasıyla oluştu. Bilim insanları çarpmadan kaynaklanan ısı ve basıncın etkisiyle göktaşında ufak lonsdaleite kristallerinin oluştuğuna inanıyor. Lonsdaleite, karbonun çok sert bir allotropudur ancak elmas kadar sert değildir.

Karbonun iki farklı allotropu daha vardır fakat bunlar nadir bulunur ve yalnızca göktaşlarının çarptığı yerlerde görülür. Bu allotroplar lonsdaleite ve chaoite'dir. Lonsdaleite, elmasın bir allotropudur ve göktaşı çarpmalarının yarattığı yüksek sıcaklık ve basınçta oluşabilir.

Chaoite'in ise grafitin allotropu olduğu düşünülür. İlk olarak, Almanya'daki bir çarpma krateri olan Bavaria'da bulunan chaoite, grafitten biraz daha serttir ve farklı bir atom düzenine sahiptir. Ancak henüz tüm bilim insanları karbonun allotropu olduğundan emin değildir.

## Karbon izotopları

Diğer elementler gibi karbonun da farklı izotopları vardır. İzotoplar, bir elementin proton sayısı aynı, nötron sayısı farklı atomlarıdır. Bu nedenle izotopların kütle numaraları (proton ve nötron sayılarının toplamı) farklıdır. Kütle numarası, bir elementi tanımlamak üzere adının yanına eklenir. Çoğu karbon, karbon-12, kısaca C-12 şeklinde; diğer bir deyişle karbon-12 izotopu hâlindedir. Karbon-12 oldukça kararlıdır. 6 proton ve 6 nötronu bulunur. Tüm karbon atomlarının yaklaşık %98,9'unu oluşturur. Bir fazla nötronu bulunan karbon-13 de kararlı bir karbon izotopudur. Bütün karbon atomlarının yaklaşık %1,1'ini oluşturur. Her iki izotop da radyoaktif bozunma göstermez.

Karbon-8'den karbon-22'ye kadar sıralanan toplam 15 karbon izotopu vardır. Karbon-12 ve karbon-13 dışındaki karbon izotopları nadiren bulunur ve sadece bir tanesi çok önemlidir. Bu dikkate değer izotop radyokarbon olarak bilinen karbon-14'tür. Karbon-14, 8 nötrona sahiptir ve kararlı değildir. Radyoaktif bozunmaya uğrayarak azot-14'e dönüşür. Karbon-14'ün yarılanma süresi 5730 senedir.

# AMETALLER

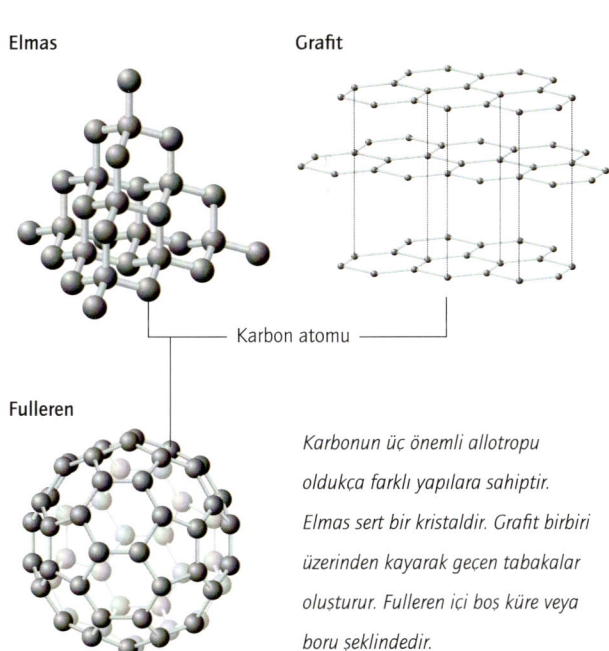

**Elmas**  **Grafit**

Karbon atomu

**Fulleren**

*Karbonun üç önemli allotropu oldukça farklı yapılara sahiptir. Elmas sert bir kristaldir. Grafit birbiri üzerinden kayarak geçen tabakalar oluşturur. Fulleren içi boş küre veya boru şeklindedir.*

## Karbon nerelerde bulunur?

İçinde karbon bulunan 10 milyondan fazla karbon bileşiği vardır. Bu bileşiklerin büyük bir çoğunluğu organik bileşik olarak nitelendirilir. Bunlar arasında alkanlar, alkenler, alkinler, aminoasitler ve yağ asitleri vardır. Bu organik bileşikler yaşamın çok önemli bir parçasıdır.

Petrolde pek çok farklı organik bileşik yer alır. Petrol çeşitli hidrokarbonların karmaşık yapıdaki karışımıdır. Hidrokarbonlar yalnızca karbon ve hidrojen atomlarından meydana gelen kimyasal bileşiklerdir ve karbon "iskeletine" sahiplerdir. Benzin, mazot ve plastik imalatında kullanılan petrokimyasalların üretilmesi için petrolden elde edilirler. Organik karbon ise kömür ve doğal gazda yer alır.

Karbon ayrıca inorganik bileşiklerde de bulunur.

# KARBON

Örneğin, ABD, Rusya, Meksika ve Hindistan'da büyük miktarda grafit bulunur. Elmas, antik yanardağlarla özdeşleştirilen kimberlit minerali içinde oluşur. En geniş elmas yatakları Güney Afrika, Namibya, Kongo, Sierra Leone ve Botswana'dadır.

Karbon bunlara ek olarak kireçtaşı, dolomit ve mermer gibi karbonatlı kayaçlarda da oluşur. Karbonatlı kayaçlar ılık tropikal okyanuslardan çökelen karbonatlardan meydana gelir. Kireçtaşı, kalsiyum karbonat ($CaCO_3$) içerir, dolomit ise magnezyum karbonattır ($MgCO_3$). Mermer ise kireçtaşının yüksek sıcaklık ve basınç altında başkalaşmış hâlidir. Karbonatlı kayaçlara pek çok bölgede rastlanır. Bu kayaçlar jeolojik oluşumlar sırasında birbirine bağlanmış büyük hacimli karbon yığınlarıdır.

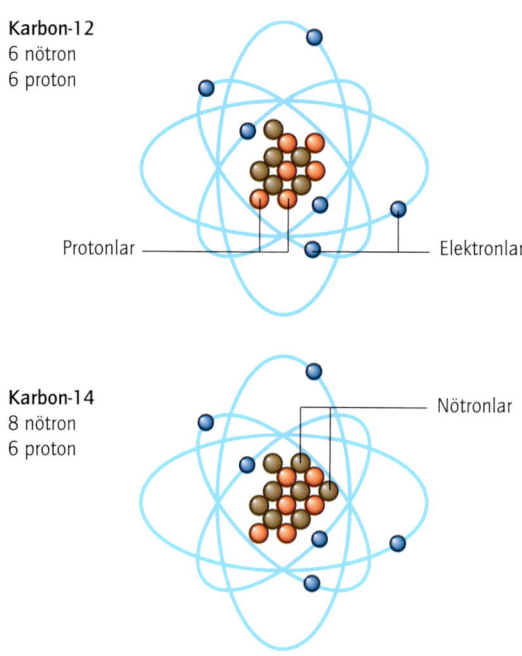

Karbon-12, karbonun en yaygın izotopudur. Azot-14'ü oluşturmak üzere kademeli bozunmaya uğrayan bir başka izotop olan karbon-14'ten çok daha kararlıdır.

## AYRIMSAL DAMITMA

Alttaki şema ham petrolü çeşitli bileşenlerine ayırmak için kullanılan ayrımsal damıtma sütununu gösteriyor. Ham petrol öncelikle buharla çok yüksek ısıya maruz bırakılarak gaza dönüştürülür. Daha sonra ayrımsal damıtma kulesine gönderilir. Aşırı ısınmış ham petrol kulede yukarı doğru ilerledikçe soğur, içindeki farklı bileşenler yoğunlaşır ve ayrı ayrı toplanır.

- Ayrımsal damıtma kulesi
- Ham petrol
- Petrol gazı, 40°C'den az
- Benzin, 40-200°C
- Gazyağı, 200-250°C
- Isıtma yağı, 250-300°C
- Yağlama yağı, 300-370°C
- Dipte biriken artık, asfalt
- Isıtma brülörü

## Karbonun kovalent bağları

Karbon atomu, dış kabuğunda dört elektron taşır. Bunlar değerlik elektronu olarak adlandırılır. Dış kabuğun tam dolu olması için sekiz elektron bulunmalıdır, bu nedenle karbon atomu dört elektron daha alabilir. Bunun en kolay yolu dört hidrojen atomu almasıdır. Bu yolla en basit hidrokarbon olan metan ($CH_4$) oluşur. Hidrojen atomlarından bir tanesi ile karbon atomu yer değiştirirse bir zincir oluşur. Hidrokarbon zincirleri bu şekilde meydana gelir. Elektronlar karbon ile diğer elementler arasında paylaşıldığında bu bağlara kovalent bağ adı verilir.

Kovalent bağ çoğunlukla benzer elektronegatifliğe sahip elementler arasında gerçekleşir. Elektronegatiflik, bir elementin diğer elementteki elektronları çekebilme gücüdür. Ametaller elektronlarını kolay kolay vermez, bunun yerine dış elektron kabuğunu doldurmak için en iyi yol elektron paylaşımıdır. Karbonlar tekli, çift veya üçlü bağ yapabilir ve karbon dışında hidrojen, azot, kükürt, oksijen ve klor gibi atomlarla da bağ yapabilir.

# AMETALLER

*Metan en basit yapılı hidrokarbondur. Karbon (C) atomunun değerlik kabuğu dört hidrojen (H) atomunun elektronları tarafından doldurulmuştur. Hidrojen atomlarından birinin yerini başka bir karbonun almasıyla daha karmaşık yapılı hidrokarbonlar elde edilir.*

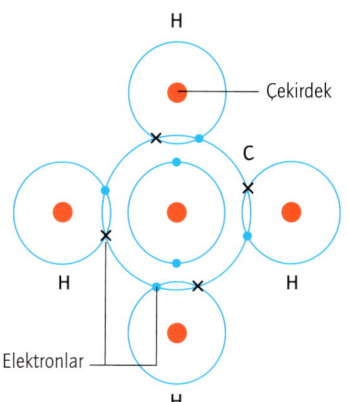

Karbon diğer birçok elementle benzer elektronegatifliğe sahiptir, bu nedenle milyonlarca farklı bileşiğin parçası olabilir. Zincirler, hatta halkalar şeklinde birleşerek binbir çeşit bileşik oluşturabilir. Karbonun uzun zincirler oluşturabilme özelliğine kenetlenme denir. Karbon-karbon bağları oldukça güçlü ve kararlıdır.

## Hidrokarbonlar

En basit karbon-karbon bileşikleri hidrokarbonlardır. Alkan, karbon atomları arasında yalnızca tekli bağların bulunduğu hidrokarbondur. Propan ($C_3H_8$) ve bütan ($C_4H_{10}$) en yaygın alkanlar arasındadır. Karbonları arasında yalnızca tekli bağ olduğunda bir hidrokarbon, bulundurabileceği en fazla hidrojen atomuna sahip olur. Bu nedenle alkanlar doymuş hidrokarbonlar olarak adlandırılır.

Alkenlerde karbon atomları arasında en az bir tane çift bağ; alkinlerde ise en az bir tane üçlü bağ vardır. Alkenler ve alkinler mümkün olan en fazla sayıda hidrojen atomuna sahip olmadıklarından doymamış hidrokarbon olarak adlandırılır. Alkenler ve alkinler hidrojenleme denilen bir süreçten geçebilir. Bu süreçte ikili veya üçlü bağlar kırılır, hidrojen atomları eklenir, böylelikle alkenler ve alkinler alkanlara dönüşür. Hidrokarbonlardaki karbonlar, bir halka oluşturacak şekilde de bağlanabilir. Bunlara halkasal hidrokarbonlar denir.

Aromatik hidrokarbonlar halkasal hidrokarbonların özel bir türüdür. Bir halkada altı karbon atomunun bulunduğu bir molekül yapısına sahiplerdir. Halka üzerinde üç tane çift bağ vardır, böylece eklenmiş altı hidrojen atomu bulunur.

En basit aromatik hidrokarbon olan benzen ($C_6H_6$) tek halkadan oluşur. Bazı aromatik hidrokarbonlar birden fazla halkaya sahiptir, örneğin naftalinde bitişik iki halka vardır.

## İnorganik karbon bileşikleri

Karbon bileşiklerinin bir kısmı organik kimyanın konusu değildir. Bu karbon bileşikleri canlı veya organik kaynaklı değildir, bu nedenle inorganik karbon bileşikleri olarak adlandırılır. Organik ve inorganik bileşikleri ayırt etmenin bir diğer yolu, hidrojene bağlı bir karbon olup olmadığına bakmaktır. Fakat bu yöntemler kusursuz değildir. Genel olarak tüm oksitler, inorganik tuzlar, siyanürler, siyanatlar, izosiyanatlar, karbonatlar ve karbürler inorganik karbon bileşiği olarak nitelendirilir.

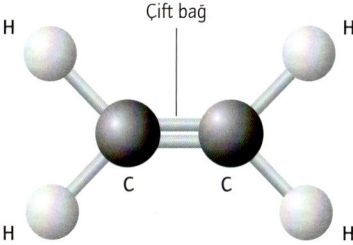

*Etan en basit yapılı alkendir. İki karbon atomu (C) çift bağ ile bağlanmış ve her biri iki hidrojen atomuyla bağ oluşturmuştur.*

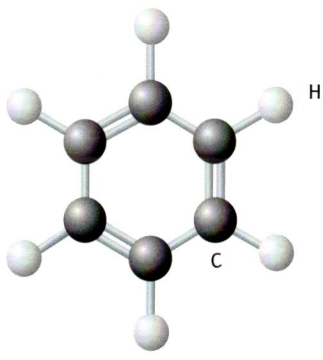

*Benzen; plastik, kauçuk, deterjan ve boya yapımında kullanılır. Aromatik hidrokarbonların en basitidir. Altı karbon atomu (C) altı hidrojen atomuyla (H) bağ oluşturmuştur.*

# KARBON

Karbonun oksitleri büyük bir önem taşır. En yaygın görülen oksit karbondioksittir ($CO_2$). Karbondioksit, organik ve inorganik bileşikleri birbirine bağlayan bileşiktir. İnsanların yanı sıra bitkiler ve hayvanlar da besin moleküllerini parçalamak üzere karbondioksit solur. Bitkiler karbondioksiti alır ve güneş enerjisini kullanarak besine dönüştürür. Bu, karbon döngüsünün bir parçasıdır.

Karbondioksit yanma tepkimelerinin sonucunda da oluşur. Bir hidrokarbon, oksijen bulunan bir ortamda yandığı zaman karbondioksit ve su oluşur. Yanma sürecinde ortamda yeterli oksijen yoksa karbonun bir başka oksiti olan karbon monoksit (CO) açığa çıkar. Karbon monoksit ölümcül bir gazdır. Hayvanlarda, kandaki hemoglobine (kan dolaşımında oksijeni taşıyan proteine) bağlanır ve oksijenin bağ oluşturmasını engeller. Karbon monoksit, derişimi yüksekse ölüme yol açabilir.

> ## BİLİMSEL TERİMLER
>
> - **allotrop** Tek bir elementin farklı fiziksel dizilim biçimleri.
> - **kovalent bağ** İki veya daha fazla atomun elektron paylaşımıyla kurduğu bağlar.
> - **izotop** Bir elementin farklı kütlelere sahip farklı atomları.

Karbondioksit suda çözündüğü zaman, karbonik asit oluşturur ($H_2CO_3$):

$$CO_2 + H_2O \rightarrow H_2CO_3$$

Bu zayıf asit, kireçtaşını (kalsiyum karbonat, $CaCO_3$) çözecek kadar güçlüdür. Kireçtaşlarının yer altında çözünmesi sonucunda mağaralar oluşur. Kalsiyum karbonat sudaki karbonik asitle tepkimeye girer. Kalsiyum karbonat ve karbonik asitin her ikisi de karbon içeren birer bileşik olduğundan, çözünen karbondioksit, karbonat iyonu ($CO_3^{2-}$) ve bikarbonat iyonu ($HCO_3^-$) arasında bir denge tepkimesi (çift yönlü bir tepkime) meydana gelir:

$$CaCO_3 + CO_2 + H_2O \leftrightarrow Ca(HCO_3)_2$$

Kireçtaşı mağaralarında bu denge önemlidir çünkü kireçtaşının çözünüp çözünmeyeceğini veya çökelerek (tekrar çözünmez hâle gelerek) tortu hâlini alıp almayacağını belirler. Eğer su fazla asitli ise kireçtaşı çözünür. Eğer çok fazla bikarbonat iyonu varsa bu defa kalsiyum karbonat tortulaşır. Bu tortulaşma mağaralarda sarkıt ve dikit meydana getirir. Aynı denge deniz suları için de önemlidir çünkü burada da daha sonra kireçtaşı hâlini alacak olan kalsiyum karbonatın tortulaşması bu dengeye bağlıdır.

## DENEYİN

### Kimyasal ayrışma

Yağmur suyunda bulunan asitler, yüksek oranda kalsiyum karbonat içeren kireçtaşında kimyasal ayrışmaya neden olur. Bu etkinlikte, kimyasal ayrışmayı göstermek için yağmur suyu yerine sirke (zayıf bir asit), kireçtaşı yerine de tebeşir (kalsiyum karbonat) kullanılmıştır.

Bir bardağı yarısına kadar sirkeyle doldurun. İçine bir parça tebeşir atıp gözlemleyin.

Oluşan kabarcıklar karbondioksittir. Asit, kalsiyum karbonat tarafından nötr hâle getirilir ve sonuçta karbondioksit oluşur.

# AMETALLER

*Hindistan'da bulunan Tac Mahal mermerden yapılmıştır. Mermer, karbon içerikli bir kayaç olan kireçtaşından meydana gelir.*

sistem olarak kullanılan yüksek dirençli çelikler yaklaşık %0,25 oranında karbon içerir.

Doğal ve yapay elmaslar, aşındırıcı nitelikte olduklarından çeşitli malzemeleri taşlamada ve delmede, özellikle taşlama disklerinde, matkap uçlarında ve aşındırıcı tozlarda kullanılır. Amorf karbon, endüstride kullanılan bir diğer karbon allotropudur. Genellikle metanın tamamlanamayan yanma işlemi sonucunda ortaya çıkar. Karbon siyahı olarak da adlandırılır ve kauçukta dolgu ve takviye maddesi olarak yaygın bir şekilde kullanılır.

Karbon, aktif kömür olarak da kullanılır. Aktif kömür, karbon atomları arasında boşluklar açmak için oksijenle işlemden geçirilmiş odun kömürüdür. Sıvılarda ve gazlarda bulunan kokuları ve diğer yabancı maddeleri tutmak veya gidermek için kullanılır. Yabancı maddenin aktif kömüre tutunması için karbon atomlarına karşı kimyasal ilgisinin bulunması gerekir. Çok geniş bir yüzey alanına sahip olan aktif kömür oldukça etkili bir tutucudur. Bir gram aktif kömür 300 ila 2000 $m^2$ yüzey alanına sahip olabilir.

## Karbonun endüstrideki kullanımı

Karbon, endüstriyel açıdan önemli bir elementtir. Kok biçimindeki karbon, ergitilmiş demirden yabancı maddeleri uzaklaştırmak için kullanılır. Karbon yüksek sıcaklıklarda demirle birleşerek çeliği oluşturur. Kullanılan karbon miktarı, üretilen çeliğin türünü belirler.

Yaklaşık %1,5 oranında karbon içeren çelik, alet ve çelik sac yapımında kullanılır. %1 karbon içeren çelik ise otomobil ve uçak parçalarının yapımında kullanılır. Taşıyıcı

Karbon, plastik endüstrisi için de önemlidir. Plastik üretimi için kullanılan petrokimyasallar ağırlıklı olarak petrolden elde edilen hidrokarbonlardır. Hidrokarbonlar farklı plastiklerin üretimi için polimerizasyon denilen bir işlemle birbirlerine bağlanır. Plastikler farklı şekillere sokulabilir veya kalıplanabilir olduğundan çok kullanışlıdır. Günlük kullanımda bu denli farklı plastik malzemenin yer almasının nedeni de bu özelliğidir.

# KARBON

## Karbon döngüsü

Karbon, doğada biyojeokimyasal döngü adı verilen bir süreçten geçer. Hayvanlarda ve bitkilerde bulunan karbonun tümü doğadan alınır. Organizmaların karbon kaynağı atmosferdir. Atmosfer yalnızca %0,038 oranında karbondioksit içerse de bu küçük miktar büyük öneme sahiptir.

Bitkiler fotosentez olarak adlandırılan bir süreçle atmosferdeki karbondioksiti organik karbon moleküllerine dönüştürür. Bu süreçte bitkiler Güneş'ten aldığı enerjiyi kullanarak karbondioksit ve suyu birleştirip glükoz yapar. Ardından, glükozu farklı bileşiklere dönüştürerek daha sonra kullanmak üzere depolarlar. Hayvanlar bitkileri yediğinde, depolanan bu enerjiyi de alır. Böylece karbon, bitkilerden hayvanlara geçer.

Karbondioksit gazındaki karbon, bitkilerin besin yapması için gereklidir. Bitkiler ve hayvanlar hücresel solunum adı verilen bir süreçle karbon bileşiklerini parçalar. Bu süreç depolanan enerji ve karbondioksiti açığa çıkarır, karbondioksit tekrar atmosfere gönderilir. Ağaçlar yapılarında karbon bulundurur; yakıldıklarında karbon, karbondioksit olarak açığa çıkar.

Bitkiler ve hayvanlar ölünce çürür. Bu yolla açığa çıkan karbon doğrudan atmosfere karışır.

### KARBON ELYAF

Karbon elyaf, genellikle karbon filamanlarla örülmüş karbon ipliği veya kumaşıdır. Karbon filamanları, plastik elyafın ısıtılmasıyla elde edilen uzun karbon iplikleridir. Bir karbon elyaf ipliği, çelikten daha dayanıklıdır. Bu elyaflar plastik veya epoksi maddelerin içine eklenirse üretilen malzeme çok dayanıklı, bununla birlikte çok hafif olur. Karbon elyaflar, yüksek dayanıklılık gerektiren pek çok eşyanın yapımında kullanılır. Bunlar arasında spor malzemeleri, otomobil parçaları, çeşitli aletler botlar ve hatta müzik aleti telleri sayılabilir.

# AMETALLER

*Ölü bitki ve hayvanlar bu bataklığın zemininde tabakalar oluşturuyor. İçerdikleri karbon nedeniyle milyonlarca yıllık bir zaman içinde petrol ve kömüre dönüşebilecekler.*

## ATMOSFERDEKİ KARBONDİOKSİT

Atmosferle ilgili sorunlardan biri, sera gazı olan karbondioksitin miktarının giderek artmasıdır. Fosil yakıtlar tüketildiğinde karbondioksit açığa çıkar.

Bir galon benzin (3,8 L) 2,9 kg ağırlığındadır. Benzin %87 oranında karbon içerdiğinden bir galon benzindeki karbon miktarı 2,5 kg'dır. Yanma sırasında, her bir karbon atomu atmosferdeki iki oksijen atomu ile birleşerek karbondioksit oluşturur. Ancak, iki oksijen atomu bir karbon atomundan 7,14 kat daha ağırdır. Bu nedenle, karbonla birleşen oksijenin kütlesi 6,7 kg'dır.

Karbondioksitin toplam kütlesi, karbonun ve oksijenin kütlelerinin toplamına eşittir. Bu da yaklaşık olarak 9 kg karbondioksit demektir!

Bazen bitki ve hayvan kalıntıları hemen toprağa karışır veya çok az oksijen içeren bataklıklarda çürür. Bu durumda karbon bağlı kalır ve atmosfere geri dönmez. Karbon belki binlerce hatta milyonlarca yıl saklı kalır. Jeolojik süreçler, ısı ve basınç bu hapsolmuş karbonu petrol, kömür veya doğal gaza dönüştürebilir. Karbonun bu biçimleri, uzun zaman saklı kaldıkları için fosil yakıt olarak da adlandırılır. İnsanlar enerji elde etmek için bunları yaktığında karbon açığa çıkar ve karbondioksit olarak tekrar atmosfere karışır.

Karbon yalnızca fosil yakıtların oluşumu sırasında saklı kalmaz. Okyanuslarda yüksek miktarda karbondioksit çözünür. Buralarda yaşayan organizmalar karbondioksiti kabuk yapmak için kalsiyum karbonata dönüştürür. Öldüklerindeyse kabukları okyanus tabanına ulaşır. Bazı okyanuslarda, suda çözünen karbondioksit kimyasal süreçlerle kalsiyum karbonata dönüşür ve kalsiyum karbonat okyanus tabanına çökelir. Yeterince zaman geçtikten sonra da kalsiyum karbonatla birleşerek kireçtaşı hâline gelir. Bu süreç karbonun milyonlarca yıl saklı kalmasına neden olabilir. Daha sonra erozyon, karbonu yavaş yavaş açığa çıkararak doğaya dönmesini sağlar.

Karbon döngüsü, atmosferdeki karbon ile organizmalarda ve doğada hapsolmuş karbon arasında gerçekleşen hassas dengeli bir süreçtir. Bu denge fosil yakıtların yakılmasıyla birlikte değişikliğe uğrar fakat bilim insanları mekanizmanın tam olarak nasıl işlediğini henüz bulamamıştır.

# AZOT VE FOSFOR

Azot, atmosferde en yaygın bulunan gazdır ve canlılar için hayati bir elementtir. Fosfor da canlılar için önemlidir ve başlıca üç şekilde bulunur: beyaz fosfor, kırmızı fosfor ve siyah fosfor.

Azot ve fosfor periyodik tablonun 15. grubunda yer alır. Azot elementinin sembolü N, atom numarası 7'dir. Atom numarası, bir atomun çekirdeğinde bulunan proton sayısıdır. Azot genellikle kokusuz, renksiz ve çoğu zaman tepkimeye girmeyen bir gazdır. Saf azot, iki azot atomunun bağ yapmasıyla oluşan azot moleküllerinden ibarettir. Bu tür moleküllere çift atomlu molekül denir. Çift atomlu azotun formülü $N_2$'dir. Azot, gaz hâlinde atmosferin hacimce %78,084'ünü oluşturur ve evrende en yaygın görülen 5. elementtir. Organizmalar için önemlidir ve tüm canlı dokularda bulunur. Azot içeren yaygın bileşikler arasında amonyak ($NH_3$), nitrik asit ($HNO_3$), siyanürler ve aminoasitler sayılabilir.

Fosfor P sembolü ile gösterilir ve atom numarası 15'tir. Çoğunlukla inorganik (karbon içermeyen) fosfatlı kayaçlarda ve organizmalarda bulunur. Tepkime yatkınlığı yüksektir ve doğada asla saf hâlde bulunmaz. Oksijenle temas ettiğinde hafif bir ışıltı yayar. Adını Yunanca "ışık taşıyıcı" anlamına gelen kelimeden almıştır. Fosfor yaygın olarak gübre, patlayıcı, havai fişek, sinir gazı (kimyasal silah), böcek ilacı, deterjan ve diş macunu üretiminde kullanılır.

## Allotropları

Fosforun üç farklı biçimi, yani allotropu vardır. Bunlar beyaz fosfor, kırmızı fosfor ve siyah fosfordur. En yaygın olanları beyaz ve kırmızı fosfordur. Bunların her ikisi de tetrahedral (üçgen tabanlı piramit) düzene sahiptir.

Atmosferde yaklaşık %80 oranında azot vardır. Havadaki azot, bağ yapmış iki azot atomundan oluşan bir molekül, yani çift atomlu azot ($N_2$) hâlindedir.

# AMETALLER

Beyaz fosforda tetrahedral düzenlenme, düzenli tekrarlanan bir yapıyı veya kristali oluşturur. Beyaz fosfor sarımsağınkine benzer bir kokuya sahip olmakla birlikte zehirli ve mumsudur. Hava ile çok kolay tepkimeye girer ve kolayca alev alır. Bu nedenle çoğunlukla suda saklanır. Kırmızı fosforda ise tetrahedral yapılar zincir şeklindedir. Kırmızı fosfor, beyaz fosfor kadar tehlikeli değildir, kendiliğinden alev almaz. Siyah fosfor, beyaz fosforun yüksek sıcaklığa maruz bırakılmasıyla elde edilebilir. Tepkime yatkınlığı, beyaz veya kırmızı fosforunkinden daha düşüktür. Her biri diğer üç fosfor atomuyla bağ yapmış fosfor atomlarının oluşturduğu ağsı bir yapıdadır. Siyah fosforun, önemli bir ticari kullanımı yoktur.

## Kimyasal özellikleri

Azot ve fosfor, azot grubu olan 15. grubun üyesidir. Gruptaki diğer elementler arsenik, antimon ve bizmuttur. Bu gruptaki elementlerin, atom numaraları yukarıdan aşağıya doğru arttıkça metaliklik özellikleri de artar. Bu eğilim, yapıları ve kimyasal özellikleri üzerinde etkilidir. Azot tepkimeye yatkın değildir. Oda sıcaklığında onunla tepkimeye giren tek element lityumdur ve lityum nitrürü ($Li_3N$) oluşturur. Magnezyum da doğrudan azotla tepkimeye girer ancak sadece alev aldığında tepkime gerçekleşir.

*Altta ve üstte: Fosfor çeşitli allotroplar hâlinde bulunur. En sık rastlananları beyaz fosfor (üstte) ve kırmızı fosfordur (altta).*

Fosforun tepkime yatkınlığı azotunkinden daha yüksektir. Çok çeşitli metallerle fosfürleri, kükürtle sülfürleri, halojenlerle halojenürleri ve hava ortamında yakıldığında oksijenle oksitleri oluşturmak üzere tepkimeye girer. Ayrıca, alkaliler ve derişik nitrik asitle de tepkimeye girer.

## Azotun keşfi

Azot bileşikleri, azotun bir element olduğunun bilinmesinden çok uzun zaman önce tanınıyordu. Güherçile –sodyum veya potasyum nitrat– barut yapımında kullanılıyordu.

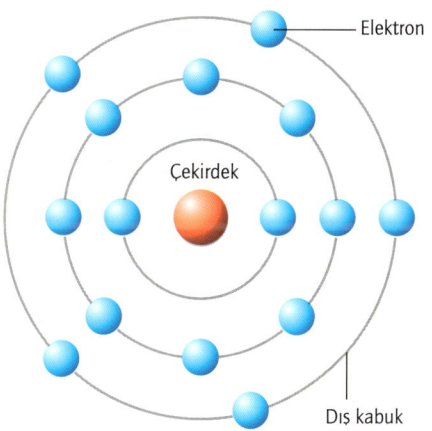

*Her bir fosfor atomunun çekirdeğinin etrafında 15 elektron bulunur.*

# AZOT VE FOSFOR

Barut ilk defa 9. yüzyılda Çin'de üretildi. Daha sonra güherçile, gübre olarak kullanıldı. Azot bileşikleri Orta Çağ simyacıları tarafından iyi biliniyordu. Nitrik asit, kezzap adıyla ilk kez MS 800'ler civarlarında Orta Doğu'da sentezlendi. Kısa süre sonra simyacılar, altını çözebilen bir asit olan *aqua regia*yı (kral suyunu) oluşturmak üzere nitrik asitin hidroklorik asit ile karıştırılabileceğini keşfetti.

Saf azot, İskoç kimyacı Daniel Rutherford (1749-1819) tarafından 1772 yılında keşfedildi. Diğer kimyacılar onun bu çalışmasını devam ettirdiler. 1776 yılında Fransız kimyacı Antoine Lavoisier (1743- 1794) bu gazın bir element olduğunu ileri sürdü.

## Atmosferdeki azot

Havada en çok bulunan bileşen azottur. Atmosferdeki azotun kütlesinin yaklaşık 4000 trilyon ton (tam olarak 3628 trilyon ton) olduğu tahmin ediliyor. Bazı bakteriler, azot gazını bitkiler tarafından kullanılabilecek, çözünebilir bir hâle getirebilir. Şimşek de azotu çözünebilir hâle dönüştürebilir.

Azot, atmosferde oksijenden dört kat daha fazladır. Fakat yeryüzünde oksijen, azottan yaklaşık 10.000 kat daha fazla bulunur. Oksijen yeryüzündeki en temel bileşendir. Azot kararlı kristal bir örgü (düzenli tekrarlanan yapı) oluşturmadığından, kayaçlarda ve minerallerde nadiren bulunur. Azotun atmosferde oksijenden daha yüksek miktarda bulunmasının temel sebebi budur.

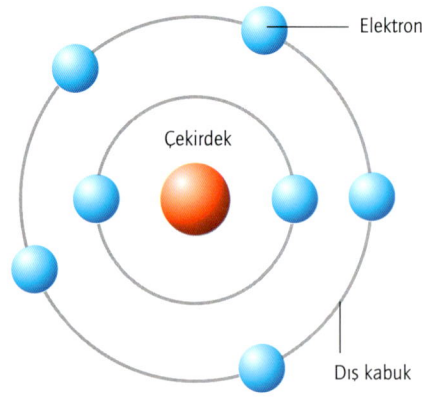

Her bir azot atomunun çekirdeğinin etrafında 7 elektron bulunur.

## AZOT BAĞLANMASI

Bazı bakterilerde, havadaki azot gazını alıp azot bağlanması adı verilen süreçle proteine dönüştüren bir mekanizma gelişmiştir. Bakterilerin çoğu bitkilerle, örneğin azota ihtiyaç duyan yoncayla (altta), bir arada yaşamaktan fayda sağlarken bitkiler de bu birliktelikten yararlanır. Bu tür ilişkilere simbiyotik ilişki denir. Bakteriler bezelye, kabayonca filizi ve yerfıstığı gibi bitkilerin köklerinde öbekler hâlinde yaşar. Bu bitkiler aslında azotu çok iyi çözerek toprağı da zenginleştirir. Bakterilerin gerçekleştirdiği azot bağlanması süreci basitçe aşağıdaki kimyasal denklemle gösterilebilir:

$$3CH_2O + 2N_2 + 3H_2O + 4H^+ \rightarrow 3CO_2 + 4NH_4^+$$

Şimşek azotun atmosferde oksijenle tepkimeye girmesine ve azot monoksit (NO) ve azot dioksit ($NO_2$) oluşturmasına yol açan bir yüksek sıcaklık ve basınç meydana getirir. Azot dioksit daha sonra yağmur suyunda çözünerek bitkilerin alabileceği nitrik asiti ($HNO_3$) üretebilir.

# AMETALLER

> **BİLİMSEL TERİMLER**
>
> ● **azot bağlanması** Atmosferdeki azotun diğer elementlerle birleşerek bitkiler tarafından daha kolay alınabilecek bir hâle dönüşmesidir. Azot bağlanması bezelye, kabayonca filizi ve yonca gibi baklagillerin köklerindeki yumrularda yaşayan bakteriler veya şimşekler aracılığıyla gerçekleşir.

Bir diğer başlıca neden ise, oksijenin aksine azotun atmosferde çok kararlı bir hâlde bulunması ve pek çok kimyasal tepkimede yer almamasıdır. Sonuç olarak, azot atmosferde oksijenden çok daha fazla bulunur.

## Azot bileşikleri

Azot farklı birçok oksit –oksijenli molekül– de oluşturur. Diazot oksit ($N_2O$), kahkaha gazı olarak bilinen bir anesteziktir. Azot monoksit (NO) ve azot dioksit ($NO_2$) havadaki hidrokarbonların yüksek basınç altında yanması sonucunda oluşur. Bu azot oksitler içten yanmalı motorlarda da ortaya çıkar.

> **Daniel Rutherford**
>
> Azotu İskoç kimyacı Daniel Rutherford (1749-1819) keşfetti. Öğretmeni Joseph Black (1728-1799) karbondioksit üzerine çalışıyordu. Black, bir mum, su bulunan bir kapta yakılıp üzerine cam tüp kapatıldığında kaptaki suyun yükseldiğini ve mumun söndüğünü keşfetti. Black'in bu deneyini Rutherford ilerletti. Rutherford bir fareyi sınırlı miktarda hava bulunan bir ortamda ölünceye kadar tuttu. Fosforu yakarak ve açığa çıkan karbondioksiti filtreleyerek havadaki diğer gazları uzaklaştırdı. Geriye kalan azotla dolu ortamda alevlenme veya fosforun yanması mümkün olmadı, fare de hayatta kalamadı. Bu özelliği nedeniyle, Rutherford bu maddeyi, zehirli veya flojistik (yanmış) hava olarak adlandırdı.

# AZOT VE FOSFOR

Atmosferde azot oksitler, güneş ışığının kirliliğe yol açan maddelerle birlikte oluşturduğu bir tür atmosferik pus olan dumanlı sisi oluşturabilir. Azot ve oksijenin oluşturduğu diğer iki bileşik, diazot trioksit ($N_2O_3$) ve diazot pentoksit ($N_2O_5$) ise kararlı değildir ve patlayıcı niteliktedir.

İki önemli asit de azot içerir. Bunlar nitröz asit ($HNO_2$) ve nitrik asittir ($HNO_3$). İlki nitrit; ikincisi ise nitrat adı verilen kimyasalların üretiminde kullanılır. Nitrik kuvvetli bir asittir ve pek çok endüstride kullanılır.

Amonyak ($NH_3$) belki de azot bileşiklerinin en önemlisidir. Bitkiler için besin maddesi olarak kullanılır ve organik karbon molekülleriyle birleşerek amin adı verilen kimyasalları oluşturur. Aminler, organizmalar için hayati önem taşıyan aminoasit bileşikleri içinde yer alır. Doğrusal aminoasit zincirlerinden meydana gelen proteini oluştururlar. Azot; amitler, nitro grupları, iminler ve enaminler gibi diğer organik (karbon içeren) molekül yapılarının da bir parçasıdır.

## Azot ve biyoloji

Aminoasitler, proteinlerin yapı taşını oluşturan azot içerikli bileşiklerdir. Proteinler azot, karbon, hidrojen, oksijen ve büyük çoğunluğu kükürt de içeren önemli organik bileşiklerdir. Proteinler tüm organizmaların yapıları ve hayati fonksiyonları için gereklidir. Birçok farklı görev üstlenirler. Bazı proteinler, örneğin hücrelerde destek (hücre iskeleti) görevi üstelenenler, yapısaldır. Bazı proteinler ise maddelerin hücrelerde depolanması ve taşınması için kullanılır. Enzim adı verilen bir grup protein de organizmadaki tepkimeleri hızlandırır. Proteinler, canlılar için önemli bir azot kaynağı olduğundan beslenmenin de temel unsurlarından biridir.

Canlılar pek çok aminoasiti yaparken birçoğunu da besinlerden almak zorundadır. Yüzden fazla aminoasit keşfedilmiştir. Bitkiler ve hayvanlar aminoasit üretir, hatta göktaşlarında da aminoasit olduğu tespit edilmiştir.

*Peynir proteince zengin bir besindir. Proteinler azot içeren önemli biyolojik moleküllerdir.*

# AMETALLER

## Azot üretimi

Azot endüstride yaygın olarak kullanılır. Azotun endüstriyel üretimi üç yöntemle gerçekleştirilir. Bunlar, basınç salınımlı adsorpsiyon, difüzyonla ayırma ve kriyojenik damıtmadır.

Basınç salınımlı adsorpsiyon yönteminde, yüzeylerine kimyasal kuvvetlerle molekül çekebilen ve adsorban adı verilen katı maddeler kullanılır. Bu yöntemle, sıkıştırılmış hava farklı adsorbanlar içeren tepkime kolonlarından geçmeye zorlanır. Her bir adsorban oksijen, karbondioksit, argon gibi havada bulunan belirli kimyasallara karşı ilgi (çekme kuvveti) gösterir. Bu gazlar uzaklaştırılır, geride yalnızca azot bırakılır. Difüzyonla ayırma da benzer bir yöntemdir. Basınçlı hava tepkime kolonuna pompalanır ve membranlar (zara benzer malzeme) yalnızca belirli gazların geçişine izin verir.

*Los Angeles şehrinin üzerini kaplayan dumanlı sise azot oksit üreten araçlar neden olur. Azot bileşikleri güneş ışığıyla tepkimeye girerek kirli havayı oluşturur.*

## SIVI AZOT

Çok düşük sıcaklıklar üzerine yapılan çalışmalar kriyojeni olarak adlandırılır. Kriyojeni, gazların sıvı hâli kullanılarak yürütülür. Sıvı azot en çok kullanılan kriyojenik maddedir. Sıvı azotun pek çok yararlı kullanım alanı bulunur. Tıpta cilt kanserinin tedavisinde cildin hasta bölgesini dondurmada ve siğillerin alınmasında; ayrıca insan kanının, spermlerin ve embriyoların daha sonra kullanılmak üzere dondurulmasında kullanılır. Gıda endüstrisinde ise hızlı dondurma işlemleri için kullanılır. Besin çözüldüğünde bünyesindeki oksijenin yerini azot alır ve bakterilerin üremesi engellenir. Sıvı azot, petrol kuyularının tabanındaki basıncı artırmak için petrol kuyularına da pompalanabilir. Bu işlem petrolün yüzeye çıkmasını sağlar. Çelik, sıvı azot kullanılarak daha dayanıklı hâle getirilebilir. Çeliğin yapısında yer alan yabancı maddeler sıvı azota daldırılarak uzaklaştırılır ve çelik daha dayanıklı hâle gelir. Doğruluğu çok tartışılmakla beraber, sıvı azot bazen ölen insanların bedenlerinin dondurulması için de kullanılır. Bu işlem gelecekte bir gün tekrar canlılık kazanabilmesi için bedeni korumak ümidiyle yapılır.

*Sıvı azot, özel bir metal kaptan dökülüyor. Kabın etrafındaki buhar, çok düşük sıcaklık nedeniyle havanın yoğunlaşması sonucu oluşan su damlacıklarıdır.*

## AZOT VE FOSFOR

Bu yöntemle istenmeyen gazlar ayrılır ve geriye yalnızca azot kalır. Bu metotların her ikisi de yaygın şekilde kullanılır ancak üretilen azot hâlâ çok az da olsa yabancı madde içerir.

Kriyojenik damıtma yüksek derecede saf azot üretilmesini sağlar. Bu işlem fazla enerji gerektirir ama sonuçta sıvı azot elde edilir. Hava ısıtılır ve tüm su buharı ve karbondioksit uzaklaştırılır. Kalan hava sıkıştırılır ve sıvılaşana kadar kademeli olarak soğutulur. Sıvılaştırılmış havadaki farklı gazlar damıtılarak ayrılır. Damıtma işleminde, sıvı hava kademeli olarak ısıtılır ve havayı oluşturan her gaz belli bir sıcaklıkta kaynamaya başlar. Böylece her gaz tek başına bırakılabilir. Bu işlemde sıvı azotun yanı sıra sıvı oksijen ve sıvı argon da elde edilir.

### SUNİ GÜBRE

Susuz amonyak, dünyanın her yerinde suni gübre olarak kullanılır. Amonyak, Haber işlemi yoluyla elde edilir. Her yıl yaklaşık 500 milyon ton suni gübre bu yöntemle üretilir. Amonyağın endüstriyel üretiminde dünyanın toplam enerjisinin %1'i kullanılır ve dünya nüfusunun %40'ının ihtiyacını sağlayacak suni gübre üretilir.

*Togo'da bir fosfat madeni. Tortul kayaçlar fosfat içerir ve suni gübre üretmek üzere çıkarılarak çeşitli işlemlerden geçirilir.*

## Nitrik asit üretimi

Laboratuvar ortamında nitrik asit ($HNO_3$), bakır (II) nitrat ($Cu(NO_3)_2$) veya potasyum nitratın ($KNO_3$) %96 oranında derişik sülfürik asit ($H_2SO_4$) içinde işlemden geçirilmesiyle hazırlanabilir. Nitrik asit daha sonra çözeltiden ayrıştırılır.

## Ostwald işlemi

Ostwald işlemi, nitrik asit üretiminde kullanılan endüstriyel işlemdir. Patenti Letonya doğumlu Alman kimyacı Wilhelm Ostwald (1853-1932) tarafından 1902 yılında alınmıştır ve yöntem hâlen kullanılmaktadır. Ostwald işlemi amonyakla başlar. Amonyak, azot oksit (NO) ve su ($H_2O$) oluşturmak üzere oksijenle tepkimeye sokulur. Platin ve rodyum bu tepkimede katalizör olarak kullanılır. Katalizör, kendisi herhangi bir kimyasal değişime uğramadan tepkimeyi hızlandıran maddedir. Tepkime aşağıdaki şekilde gerçekleşir:

$$4NH_3 + 5O_2 \rightarrow 4NO + 6H_2O$$

Azot monoksit, azot dioksit ($NO_2$) oluşturmak üzere oksijenle tepkimeye girer:

$$2NO + O_2 \rightarrow 2NO_2$$

Azot dioksit suyla birleşerek seyreltik nitrik asit ($HNO_3$) ve azot oksit açığa çıkarır:

$$3NO_2 + H_2O \rightarrow 2HNO_3 + NO$$

Azot oksit daha sonra yeniden kullanılır, oksijenle tepkimeye sokulur ve daha fazla nitrik asit üretilir:

$$4NO_2 + O_2 + 2H_2O \rightarrow 4HNO_3$$

Sonra nitrik asit damıtılarak istenilen asitlik yoğunluğuna deriştirilir. Bu yöntem oldukça etkilidir ve toplam verimliliği %96'dır. Verim, tepkimeye giren maddelerin ne kadarının sonuç ürüne dönüştüğünü ifade eder.

## Haber işlemi

Haber işlemi, azot ile hidrojenin amonyak oluşturmak üzere tepkimeye sokulmasıdır. Yöntemin patentini 1908 yılında Alman kimyacı Fritz Haber (1868-1934) almıştır.

---

### BİLİMSEL TERİMLER

- **damıtma** Sıvıları saflaştırmak için kaynatarak buharını yoğunlaştırma işlemi. Bir sıvı karışımını, kendisini oluşturan saf bileşenlere ayırmak için de kullanılır.

---

### HABER İŞLEMİ

Haber işleminde amonyak üretmek üzere azot ve hidrojen kullanılır. Azot ve hidrojen önce karıştırılır sonra sıkıştırılır. Sıkıştırılan karışım ısıtılır ve tepkimeyi hızlandıracak bir katalizörden geçirilir. Elde edilen gaz, amonyak ($NH_3$), hidrojen ve azotun karışımıdır.

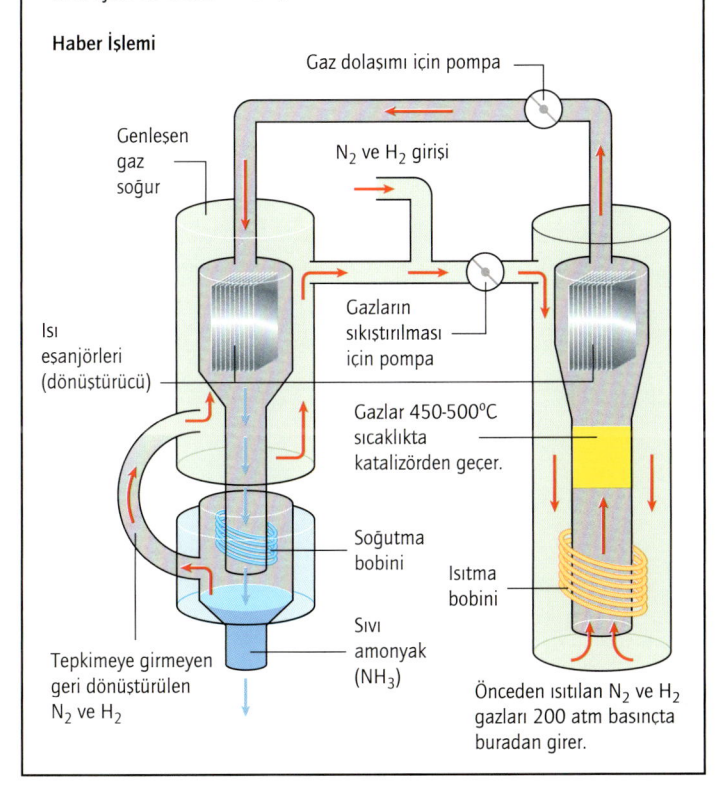

**Haber İşlemi**

- Gaz dolaşımı için pompa
- Genleşen gaz soğur
- $N_2$ ve $H_2$ girişi
- Gazların sıkıştırılması için pompa
- Isı eşanjörleri (dönüştürücü)
- Gazlar 450-500°C sıcaklıkta katalizörden geçer.
- Soğutma bobini
- Isıtma bobini
- Sıvı amonyak ($NH_3$)
- Tepkimeye girmeyen geri dönüştürülen $N_2$ ve $H_2$
- Önceden ısıtılan $N_2$ ve $H_2$ gazları 200 atm basınçta buradan girer.

# AZOT VE FOSFOR

Haber işlemi susuz amonyak, amonyum nitrat ve gübre sanayisi için üre elde etmede kullanılır. Yöntemdeki tepkime oldukça basittir. İki yönlü oklar, tepkimenin dengeye ulaşıncaya kadar her iki tarafa da ilerleyebileceğini gösterir:

$$N_2 + 3H_2 \longleftrightarrow NH_3$$

Ancak bu tepkime, demir katalizörle 200 atm basınçta ve 450-500°C sıcaklıkta gerçekleşir. Tepkimenin verimi sadece %10 – %20 arasındadır. Tepkime denge durumuna ulaşır ancak ortamdan ürün alındığı ve ortama tepken eklendiği sürece tepkime devam eder. Yüksek basınçlı amonyak gazı ayrıştırılıp soğutulduğunda sıvı hâlini alır.

## Fosforun keşfi

Alman simyacı Hennig Brand (c. 1630-1710) 1669 yılında fosforu keşfetti. Brand, fosforu idrardan ayrıştırdı. Çok çabuk fark edilen ilginç bir özelliğinden dolayı fosfor üzerine yapılan deneyler devam etti. Bu özellik, fosforun parlamasıydı.

Kısa bir süre sonra bilim insanları kapalı bir kavanoza yerleştirilen fosfordaki parlamanın bir süre devam ettiğini fakat sonra yok olduğunu fark etti. İrlandalı kimyacı Robert Boyle (1627-1691) ise parlamanın, şişedeki oksijenin tükenmesine bağlı olarak durduğunu keşfetti. Çok geçmeden parlamanın yalnızca belli bir miktar oksijenle meydana geldiği anlaşıldı. Çok fazla veya çok az oksijen olduğunda fosfor parlamıyordu. Parlamanın bu mekanizması 1974'e kadar açıklanamadı.

Fizikçi R. J. van Zee ve A. U. Khan parlamanın kaynağını keşfetti. Sıvı veya katı hâldeki fosfor oksijenle tepkimeye girerek az sayıda, kısa ömürlü HPO ve $P_2O_2$ molekülleri oluşturuyordu. Bu iki molekül de oluştukları sırada görünür bir ışık yayıyordu. Parlama, yeni moleküller oluştuğu sürece devam ediyordu.

## Fosfor bileşikleri

Fosfor aşırı miktarda oksijenle yakıldığında, fosfor oksit ($P_4O_{10}$) oluşur. Su ile işlemden geçirildiğinde ise fosforik asit ($H_3PO_4$) oluşur. Fosforik asit gübrelerde, deterjanlarda, gıda tatlandırıcılarında ve eczacılıkta kullanılır. Fosforik asit ticari olarak, kalsiyum fosfat kayaçların sülfürik asitle birlikte ısıtılmasıyla üretilir.

---

### DOĞRU GÜBRE SEÇİMİ

NPK (N-Azot, P-Fosfor, K-Potasyum) numarası gübrenin içeriğinin ne olduğunu belirtir. Her kategoride en yüksek değere sahip gübreyi seçmenin en iyisi olacağını düşünebilirsiniz fakat farklı bitkilerin bu üç elementin her birine olan ihtiyaçları da farklıdır. İşte size gübrelerin özelliğini ve hangi bitkilere iyi geldiğini gösteren genel bir rehber:

**Genel amaçlı gübreler:** Her bitkinin ihtiyaç duyabileceği temel besin maddelerini karşılamak amacıyla yapılmıştır fakat en fazla ağaç ve çalılar için faydalıdır.

**Çayır gübreleri:** Genellikle çimlerin sağlıklı gelişimi için gerekli olan azotu daha fazla miktarda içerir.

**Çiçek bahçesi gübreleri:** Genellikle çiçek açmayı artırıcı fosforu biraz daha fazla miktarda içerir.

**Sebze bahçesi gübreleri:** Genellikle üç elementi de yüksek miktarda içerir.

# AMETALLER

Gübrelerde kullanılan fosforun bir kısmı tortul kayaçlardaki fosfattan sağlanır. Fosfatça zengin bu kayaçlar çıkarılıp öğütülerek toprağa karıştırılır. Ancak gübre üretiminde bu yöntemin yerini büyük oranda Haber işlemi almıştır. Öte yandan gelişmekte olan bazı ülkelerde, fosfat kayaçların kazılma işlemi hâlen daha hesaplıdır ve organik tarım metotları arasında yer alır. Dünyanın bazı bölgelerinde ise deniz kuşlarını çekmek için büyük sallara yiyeceklerle tuzak kurulur ve kuş dışkıları gübre olarak kullanılır.

*Bu morsların uzun sivri dişleri mine adı verilen sert bir tabaka ile kaplıdır. Bu tabaka temelde fosfor içeren apatit isimli karmaşık bir molekülden meydana gelir.*

Fosforik asit tripıl süperfosfat gübre ($Ca(H_2PO_4)_2 \cdot H_2O$) gibi birçok fosfat bileşiğini oluşturmak üzere kullanılır. Trisodyum fosfat ($Na_3PO_4$) temizlik maddesi ve su yumuşatıcı olarak kullanılır. Kalsiyum fosfat ($Ca_3(PO_4)_2$) ise çini yapımında ve hamur kabartma tozu ($NaHCO_3$) üretiminde kullanılır.

Fosfor bileşikleri enerji depolamada kullanıldıkları için, fosfor organizmalar için hayati önem taşır. Adenozin trifosfat veya ATP ($C_{10}H_{16}N_5O_{13}P_3$) olarak adlandırılan madde, bitkilerde ve hayvanlarda enerji taşıyan moleküldür. İnsan vücudunda sınırlı miktarda ATP bulunur. Bunlar sürekli kullanılır ve yeniden kullanıma hazır hâle getirilir. Her ATP molekülü günde 2000-3000 kez yeniden kullanılır. İnsan vücudu bir saat içinde yaklaşık 1 kg ATP'yi oluşturur, kullanır ve yeniden kullanıma hazır hâle getirir.

## Fosforun önemi

Fosfatlar, bitkilerin üç temel besin ögesinden biridir. Gübreler, bitkilere fosfor sağlamak için kullanılır.

## ÖTROFİKASYON

Fosfor bitkiler için önemlidir ve genellikle göllerde ve nehirlerde sınırlayıcı besin işlevi görür. Sınırlayıcı besin, kaynağı diğer besin maddelerine göre kısıtlı olan ve bitkilerin aşırı büyümesini önleyen besin maddesidir. Fosfor tarım alanlarında ve deterjanlarda kullanıldığı için yüzey akıntılarıyla birlikte taşınır. Bir göle ulaştığı zaman da buradaki algler ve bitkiler bol miktardaki fosfat nedeniyle daha hızlı ve aşırı büyür. Bitkiler ölünce parçalama sürecinde oksijen kullanılır. Bunun sonucunda sudaki oksijen azalır. Suda oksijen eksikliğine yol açan bu olaya ötrofikasyon denir. Balıklar ve sudaki diğer canlılar ötrofikasyon sonucunda ölebilir.

*Bu kanalizasyon çukuru, fosfor akıntısının etkilerini ortaya koyuyor. Suyun yüzeyi, aşırı miktardaki fosfor nedeniyle çoğalan alglerin yol açtığı alg patlamasını gösteriyor.*

# OKSİJEN VE KÜKÜRT

Oksijen ve kükürt yaşam için gereklidir. Oksijen atmosferde en yaygın bulunan ikinci elementtir ve diğer birçok elementle kimyasal bağ yapar. Kükürt ise doğada saf hâlde, sarı, kristal bir katı madde olarak bulunur. Ayrıca sülfür minerali ve sülfat minerallerinde de kükürt oluşur.

Oksijen ve kükürt periyodik tablonun 16. grubunda yer alır. Oksijen O sembolü ile gösterilir ve atom numarası 8'dir çünkü atomu 8 protona sahiptir. Çekirdeğinde 8 nötron bulunur. Atom kütlesi; nötron sayısı ile proton sayısının toplamı olan 16'dır. Oksijen dünyada en yaygın bulunan ikinci elementtir.

Yerkabuğunun kütlesinin yaklaşık %46'sı oksijendir ve bu miktar bütün gezegenin kütlesinin yaklaşık %28'ini oluşturur. Evrende oksijen en yaygın bulunan üçüncü elementtir. Çift atomlu ($O_2$) molekülü atmosferin neredeyse %21'ini oluşturur. Atmosferdeki oksijen, bitkiler ve mikroorganizmaların yaptığı fotosentez sonucu elde edilir. Oksijen; karbondioksit ($CO_2$) ve suyun ($H_2O$) glükoza ($C_6H_{12}O_6$) dönüştürülmesi sürecinin yan ürünüdür.

Kükürt S sembolüyle gösterilir. Atom numarası 16, atom kütlesi 32'dir (çekirdeğinde 16 proton, 16 nötron vardır).

*Bu kumtaşı kayaç oluşumları birçok mineral barındırır. Oksijen, yerkabuğunda en yaygın bulunan elementtir. Oksit, fosfat, sülfat, silikat ve karbonat minerallerinin önemli bir kısmını oksijen oluşturur.*

# AMETALLER

Pek çok insanın bozulmuş yumurta kokusuyla özdeşleştirmesine rağmen saf kükürt kokusuzdur. Sözü edilen koku aslında hidrojen sülfür gazından ($H_2S$) kaynaklanır. Kokarca gibi hayvanların ve sarımsak gibi yiyeceklerin o kendilerine has kokulara sahip olmalarının nedeni de kükürt bileşikleridir. Kükürt, organizmalar için farklı şekillerde önemlidir. Bazı aminoasitler yapılarında kükürt ihtiva eder.

## Oksijenin allotropları

Oksijenin iki allotropu vardır: çift atomlu oksijen ($O_2$) ve ozon ($O_3$). Atmosferde her iki allotrop da bulunur ancak atmosferdeki oksijenin çoğu çift atomludur. Çift atomlu oksijen, ozondan daha kararlıdır. Oksijen atmosferin her yerinde bulunurken ozon genellikle daha yukarılarda yoğunlaşmıştır. Ozon tabakası, Dünya'yı morötesi ışınlardan koruyan bir kalkan görevi görür. Ozon, zemin seviyesinde ise şimşek ve elektrikli cihazlar tarafından üretilir. Bu seviyede oluştuğunda kirliliğe yol açtığı düşünülmektedir.

## Oksijenin kimyasal özellikleri

Oksijenin dış kabuğunda 6 elektron bulunur ve elektronegatifliği oldukça yüksektir. Bu durum oksijeni serbest elektronlar için cazibe merkezi hâline getirir. Dış kabuğunu doldurmak için oksijenin iki elektron almaya ihtiyacı vardır. Oksijen atomları küçük boyutlu olduğundan kolaylıkla ikili bağ yapar. Standart sıcaklık ve basınçta bir oksijen atomu diğer bir oksijen atomuyla bağ yaparak çift atomlu oksijen gazını meydana getirir.

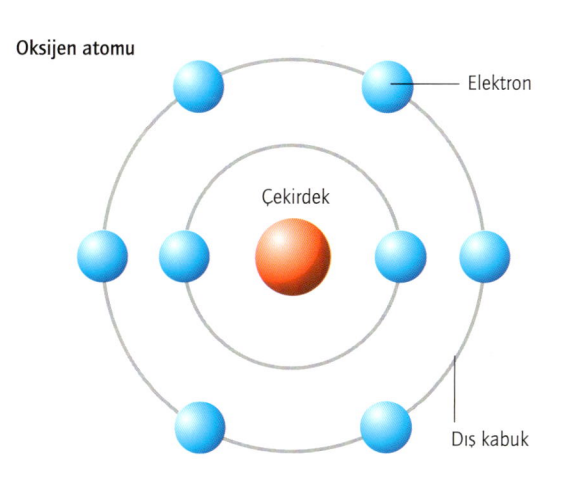

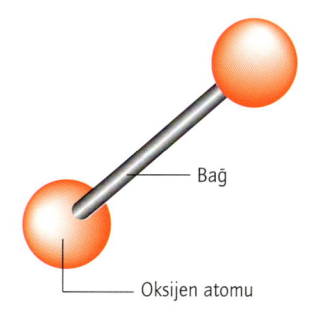

**Oksijen atomu**

- Elektron
- Çekirdek
- Dış kabuk

*Oksijen doğal veya safken çift atomlu molekül hâlindedir.*

- Bağ
- Oksijen atomu

*Kükürt, sekiz atomun bir halka boyunca taca veya kayığa benzer şekilde bağlandığı daha karmaşık bir yapı oluşturur.*

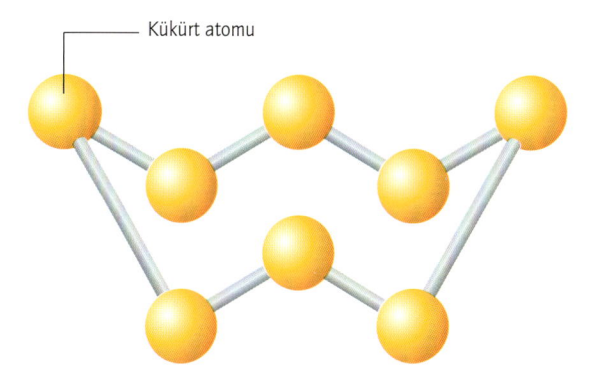

- Kükürt atomu

Oksijen neredeyse tüm elementlerle kolaylıkla tepkimeye girebilir. Diğer elementler oksijenle tepkimeye girdiklerinde yükseltgenir. En bilinen yükseltgenme tepkimelerinden biri demir ve oksijen arasında gerçekleşendir. Bu şekilde demir oksit veya bilinen adıyla pas oluşur. Hemen hemen tüm metaller oksijenle tepkimeye girerek metal oksitleri oluşturur.

Oksijen, dış kabuğunda birer elektron eksiği bulunan iki orbitali olduğundan bileşik oluşturduğu zaman negatif yükseltgenme basamağına sahip olur. Bu orbitaller dolduğunda, $O^{2-}$ oksit iyonu oluşur. Oksijen ayrıca peroksitleri de oluşturur. Peroksit, $O_2^{2-}$ iyonudur, her bir oksijenin -1 yüklü olduğu düşünülür.

Oksijenin kısmî veya tamamen aktarım ile elektron alma kabiliyeti, onun yükseltgen bir madde olduğunu gösterir. Yükseltgenme basamağında 0'dan -2'ye olan değişiklik indirgenme olarak adlandırılır. Yükseltgenme terimi kolaylıkla elektron kabul eden her madde için kullanılır ve oksijen, oldukça kolay elektron kabul eden bir elementtir.

43

# OKSİJEN VE KÜKÜRT

## Oksijenin keşfi

Pek çok insan oksijeni 1774'te İngiliz kimyacı Joseph Priestley'in (1733-1804) keşfettiğine inanır. Priestley bulgularını da 1774'te yayımlamıştır. Priestley cıva oksiti (HgO) ısıtarak oksijen elde etmiştir. Oksijen üzerinde daha fazla çalışarak bitkilerin de oksijen ürettiğini bulmuştur.

Aslında, Alman asıllı İsveçli Carl Wilhelm Scheele (1742-1786) oksijeni daha 1772'de keşfetmişti. Scheele birçok farklı elementi ısıtarak oksijen üretebileceğini buldu fakat bulgularını 1777 yılına kadar yayımlamadı, bu nedenle de bu keşiften itibar kazanan Priestley oldu. Oksijen ismini 1775 yılında Antoine Lavoisier (1743-1794) kullandı.

## Oksijenin tepkime yatkınlığı

Oksijen gazı normal şartlar altında ne kendisiyle ne de azotla tepkimeye girer. Atmosferin üst kesimlerinde, Güneş'ten gelen morötesi ışınlar (yüksek enerjili ışınlar) oksijenin ($O_2$) ozonu ($O_3$) oluşturabilmesi için yeterli olan enerjiyi sağlar. Böylece ozon daha fazla morötesi ışını tutabilir ve bu ışınların yeryüzüne ulaşmasını engeller.

Oksijen diğer pek çok elementle tepkimeye girmeye oldukça yatkındır fakat suyla tepkimeye girmez. Suda sınırlı miktarda çözünebilir. Balıklar ve suda yaşayan diğer canlılar difüzyon (moleküllerin karışma yoluyla taşınması) ile oksijeni sudan ayrıştırabilir.

### Carl Wilhelm Scheele

Scheele (1742-1786) İsveçli bir kimyacı ve eczacıydı. Kimyacı olarak yaptığı çalışmalarla azot, baryum, klor, manganez, molibden ve volframı keşfetti. Scheele bunların yanı sıra hidrojen siyanür, hidrojen florür, sitrik asit, hidrojen sülfür ve gliserol gibi birçok kimyasal bileşik de buldu. Hayatı boyunca tek kitap yayımladı. 1777'de yayımlanan bu kitabında oksijen ve azotu anlattı. Scheele'nin, yaptığı deneylerin bir sonucu olarak cıva zehirlenmesinden ölmüş olabileceği düşünülüyor.

Oksijen normal şartlarda halojenlerle, asitlerle ve bazlarla tepkimeye girmez.

## Önemli oksijen bileşikleri

Oksijen birçok önemli bileşik oluşturur. En bilinen oksijenli bileşiklerden biri dihidrojen oksit, yani sudur. Suyun kimyasal formülü $H_2O$'dur.

Su oldukça kararlı bir moleküldür, hidrojen ve oksijene ayrışması o kadar kolay değildir. Suyu ayrıştırmanın en iyi yöntemi elektrolizdir, yani içinden elektrik akımı geçirmektir.

## OZON DELİĞİ

Ozon, atmosferin üst kesimlerinde önemli bir yere sahiptir çünkü Güneş'ten gelen zararlı ışınları perdeler. Kloroflorokarbon (CFC) olarak adlandırılan kimyasallar ozonu parçalar. CFC kimyasalları buzdolabı ve soğutma sistemlerinde kullanılır fakat atmosfere salındıkları takdirde ozon tabakasına doğru yükselir ve ozonla tepkimeye girerler. Ozon çift atomlu oksijene dönüşür. Her yıl, Antarktika üzerinde yer alan ozon tabakasında bir "delik" gözlenir. Ancak bilim insanları CFC'nin daha az kullanılmasıyla deliğin kapanacağını umuyor.

*Bir bilim insanı Antarktika semalarına balon bırakıyor. Balonda atmosferdeki ozon miktarını kaydedecek ölçüm araçları yer alıyor.*

# AMETALLER

Su elektroliz edildiğinde, oksijenin iki katı kadar hidrojen üretir. Oksijen karbonla da kararlı bir bileşik oluşturur. Bu bileşik, karbondioksittir ($CO_2$), yanma ve parçalanma tepkimelerinde oluşur. Çok kararlı bir bileşiktir. Karbondioksit ayrışmasının büyük bir kısmı fotosentez sırasında bitkiler tarafından gerçekleştirilir.

Oksijen farklı birçok elementle tepkimeye girerek iyonları oluşturur. Oksijen içeren en yaygın iyonlar arasında, kloratlar ($ClO_3^-$), perkloratlar ($ClO_4^-$), kromatlar ($CrO_4^{2-}$), dikromatlar ($Cr_2O_7^{2-}$), permanganatlar ($MnO_4^-$) ve nitratlar ($NO_3^-$) sayılabilir. Bu iyonların çoğu aynı zamanda kuvvetli yükseltgenlerdir. Çoğu metal de oksitleri oluşturmak üzere oksijenle bağ yapar. Demir oksit genellikle pas olarak adlandırılır. Metallerin yüzeyinde oluşan diğer oksitlere ise korozyon denir. Bu tepkimeler havada kendiliğinden meydana gelir fakat metallerle yapılan indirgenme-yükseltgenme tepkimeleriyle hızlandırılabilir.

*Bu somunlar üzerinde pas oluşmuş. Demir bileşikleri oksijen ve suyla temas ettiğinde pas meydana gelir.*

Oksijen, çeşitli organik kimyasalları oluşturmak üzere karbonlu bileşiklerle de tepkimeye girer. Bunlar arasında, alkoller (R-OH), aldehitler (R-COH) ve karboksilik asitler (R-COOH) yer alır (R organik grup anlamına gelir). Bu organik bileşiklerin çoğu tepkimeye oldukça yatkındır çünkü oksijene bağlı hidrojen, iyon şeklinde kolayca uzaklaşabilir.

## Oksijenin hazırlanması

Laboratuvar ortamında, oksijen içeren herhangi bir bileşiğin ayrışması yoluyla oksijen hazırlanabilir. Bu süreç az miktarda oksijen elde etmek için kullanışlıdır. Bileşikler farklı sıcaklıklarda parçalanmaya uğrayabilir. Düşük sıcaklıklarda parçalananları kullanmak, yüksek sıcaklıklarda parçalananları kullanmaktan daha kolaydır.

Suyun elektroliz edilmesi de oksijen gazı elde etmenin bir diğer yoludur. Elektroliz, laboratuvar ortamında küçük ölçekli, fabrikalarda ise çok daha büyük ölçekli olarak uygulanabilir. Yüksek miktarda elektriğe ihtiyaç duyulduğundan büyük ölçekli elektroliz yaygın olarak kullanılmaz. Oksijen elde etmenin en etkili ve bilinen yöntemi sıvı havanın kriyojenik damıtmaya tabi tutulmasıdır.

---

### DENEYİN

**Paslanma**

Paslanma, demirin demir oksit veya pas üretmek üzere oksijenle girdiği yükseltgenme tepkimesidir.

Bir plastik kaba bir parça çelik yün (bulaşık teli de olabilir) koyun. Kaba biraz su ekleyin ancak çelik yünün suyun yüzeyinde kalmasını sağlayın (eğer çelik yün sabunlu ise öncelikle yıkayarak sabundan arındırın).

Kaba dokunmadan bir gece bekletin ve ertesi gün nasıl göründüğüne bakın. Çelik yünün paslanma dolayısıyla kırmızımsı bir renk aldığını görüyor olmalısınız. Peki, sizce bu tepkime için gerekli oksijen nereden karşılandı?

# OKSİJEN VE KÜKÜRT

## OZONLAMA

Ozonlama, bakterilerin ve diğer mikroorganizmaların suyun içinden ozon gazı kabarcıkları geçirilerek yok edildiği bir su arıtma işlemidir. Ozon kuvvetli bir yükseltgen olduğundan bakterileri ve diğer mikroorganizmaları öldürür. Ozonlama, suyun arıtılmasında çok etkilidir. Ayrıca klorun aksine suyun tadını bozmaz. Ozon; klor ve bazı organik moleküller arasında oluşan bileşiklerin, yani trihalometanların oluşumunu da azaltır. Bazı bilim insanları trihalometanların kimi kanser türlerine yol açabileceğini düşünüyor.

Bu yöntemde hava soğutulur ve tüm su buharı ve karbondioksit uzaklaştırılır. Sonra hava sıkıştırılır ve sıvılaşana kadar kademeli olarak soğutulur. Farklı gazlar, sıvı havadan damıtılarak ayrılır. Bu süreç sonucunda sıvı oksijenin yanı sıra sıvı azot ve sıvı argon da elde edilir.

## Kükürtün tarihi

En az 4000 yıldır bilinen ve kullanılan kükürt kendine özgü bir sarı renge sahiptir ve çoğunlukla aktif veya sönmüş yanardağların etrafında saf hâlde bulunur. Uzun tarihi boyunca pek çok dini törende ve tıbbi tedavide kullanılmıştır.

Yunanlar ve Romalılar kükürtü böcek ilacı olarak ve havai fişek yapımında kullanıyordu. Romalılar yangın bombası yapmak için onu katran, reçine, bitüm ve diğer yanıcı maddelerle karıştırdı.

Çinliler 9. yüzyılda kükürtle barut yapmayı öğrendi. Barut Asya'dan Orta Doğu'ya ve son olarak da Avrupa'ya yayıldı. Önceleri havai fişek yapımında kullanıyordu, daha sonra silahlarda kullanılmaya uygun hâle getirildi.

Fransız kimyacı Antoine Lavoisier, bilim kurulunu kükürtün bileşik değil element olduğuna ancak 1777'de ikna edebildi.

Kükürt 1880'lerin sonuna kadar çoğunlukla zeminden çıkarılması kolay olan birikintilerden elde edilirdi. Daha sonra Frasch yöntemi bulundu. Bu yöntem kükürtün erime noktasının düşük olmasından yararlanıyordu. Kükürt kaynaklarının bulunduğu noktalara buhar püskürtülerek kükürt eritiliyor ve yüzeye doğru çıkması sağlanıyordu.

## Kükürtün kimyasal özellikleri

Oksijen gibi kükürtün de dış elektron kabuğunda 6 elektron bulunur ve elektronegatifliği oksijeninkinden daha azdır, bu da onun tepkime yatkınlığını azaltır. Ancak, kükürt birçok mineralin önemli bir parçasıdır çünkü metallerle kolaylıkla sülfür ve sülfatlarını oluşturur. Kükürt ayrıca oksijenle tepkimeye girer ve kükürt dioksit ($SO_2$) bileşiğine yükseltgenir.

# AMETALLER

## HAVADAN SAĞLANAN ENERJİ

Havanın kriyojenik olarak damıtılmasıyla elde edilen sıvı oksijen, genellikle yüksek miktarda yakıtı hızla yakması gereken roket motorlarında yükseltgen madde olarak kullanılır. Oksijen, hidrojenle yakıldığında çok büyük miktarda enerji ve yan ürün olarak da su açığa çıkar. Saf sıvı oksijen soluk mavi renktedir. Resimdeki oksijen jeneratörü, USS George Washington nükleer uçak gemisinde jetlere sıvı oksijen sağlamak üzere kullanılıyor.

*Wyoming'deki Yellowstone Ulusal Parkı'nda bulunan Büyük Prizmatik Kaplıca. Su kenarlarında görülen parlak renklerin nedeni çok sıcak ve kükürtçe zengin sularda gelişen bakteriler ve siyanobakterilerdir.*

Kükürt, oksijenle yandığında mavi bir alev oluşur. Standart sıcaklık ve basınçta kükürt katıdır. Saf kükürt suda çözünmez fakat karbon disülfür ($CS_2$) içinde çözünür. Atom yapısı nedeniyle kükürt bağ oluştururken elektron alabilir veya verebilir. Kükürtün en yaygın yükseltgenme basamakları -2, +2, +4 ve +6'dır. Bu çeşitlilik, kararlı bileşikler oluşturmak üzere diğer pek çok elementle tepkimeye girmesini sağlar.

## Kükürt bileşikleri

Hidrojen sülfür suda çözündüğünde asit oluşur. Bu asit, birçok metalle tepkimeye girerek sülfürlerini oluşturur. Bu metal sülfürleri oldukça yaygındır. En yaygın olanlarından biri demir sülfürdür ($FeS_2$). Demir sülfür çok bulunan minerallerden demir piriti oluşturur, kübik kristal biçimindedir ve altın renginde bir parlaklığa sahiptir. Bu nedenle "aptal altını" olarak anılır. Kurşun sülfür (PbS), galenit mineralini oluşturur. Galenit kristalleri, bir zamanlar radyolardaki elektrik akımının akışını kontrol etmek için yarı iletken madde olarak kullanılıyordu.

*Demir pirit kristalleri birçok kayaçta bulunur. Demir pirit demir sülfürden ($FeS_2$) oluşur. Aptal altını olarak da adlandırılır.*

# OKSİJEN VE KÜKÜRT

Kükürtün, asit oluşturmak üzere suyla tepkimeye giren birçok oksiti vardır. Bu asitler, metallerle tepkimeye girerek sık rastlanan sülfat ve sülfitlerini oluşturur. Bu yolla oluşan en yaygın asit, sülfürik asittir ($H_2SO_4$). Sülfürik asit, gübre üretimi gibi birçok endüstriyel kimyasal süreçte kullanılır.

Kükürt ayrıca birçok organik bileşik de oluşturur. Organizmalar için yüksek miktarlardaki kükürt zehirleyicidir ancak birçok bileşik için düşük miktarlarda olsa bile kükürt gereklidir. Pek çok kükürt bileşiğinin keskin bir kokusu vardır. Bazıları tiyollere veya merkaptanlara, kokusuz olan doğal gaza veya metana koku vermek için kullanılır. Koku, insanların bir gaz sızıntısı olup olmadığını fark etmelerine yardımcı olur. En bilinen tiyollerden biri savunma amacıyla koku salan kokarcalar tarafından üretilir. Kükürt bileşikleri üzüm, sarımsak, soğan, haşlanmış kabak ve bozulmuş ete de keskin ve ayırt edici kokularını verir.

*Saf kükürt yanardağ çevrelerinde kalıplar hâlinde bulunur. Endonezya'da yer alan Doğu Java'daki kükürt kalıpları.*

Kontakt yöntemi sülfürik asit ($H_2SO_4$) üretimi için kullanılır.

1. Öncelikle kuru kükürtün yakılmasıyla kükürt dioksit ($SO_2$) gazı oluşturulur.
2. Sıcak gaz yaklaşık 450°C sıcaklıkta oksijenle tepkimeye girerek kükürt trioksiti ($SO_3$) oluşturur.
3. Kükürt trioksit ($SO_3$) daha sonra derişik sülfürik asit içinde çözülerek dumanlı sülfürik asiti, oleumu ($H_2S_2O_7$) oluşturur.
4. Oleum daha sonra suyla karıştırılarak sülfürik asit elde edilir.

**Kontakt yöntemi**

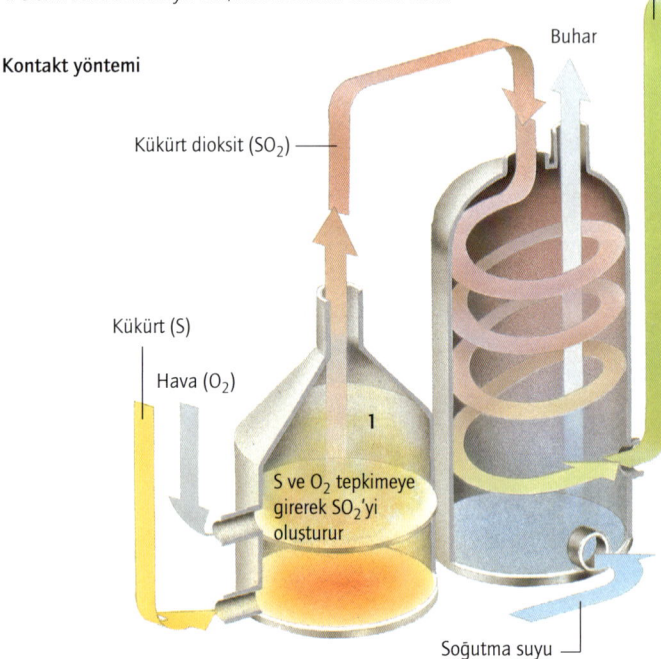

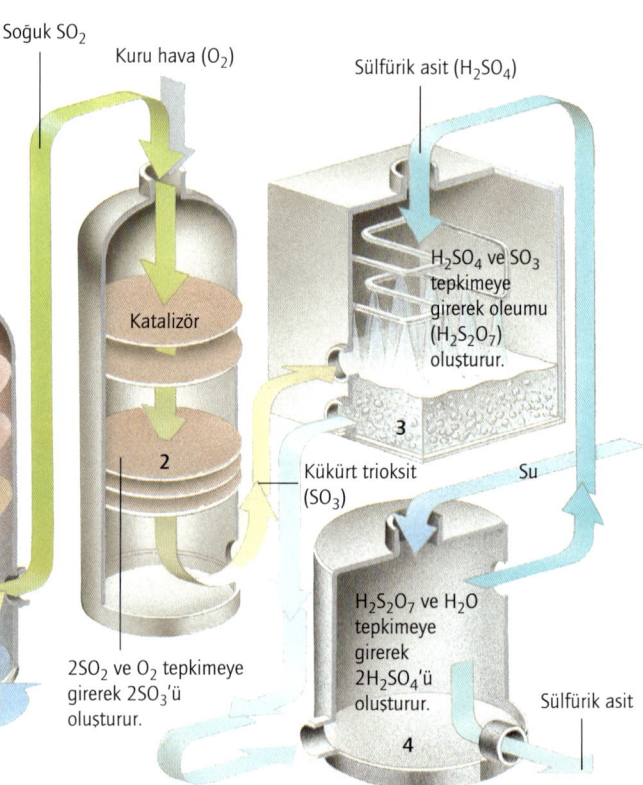

Kükürt dioksit ($SO_2$)
Buhar
Kükürt (S)
Hava ($O_2$)

1
S ve $O_2$ tepkimeye girerek $SO_2$'yi oluşturur

Soğutma suyu

Soğuk $SO_2$
Kuru hava ($O_2$)
Katalizör

2
$2SO_2$ ve $O_2$ tepkimeye girerek $2SO_3$'ü oluşturur.

Kükürt trioksit ($SO_3$)

Sülfürik asit ($H_2SO_4$)

3
$H_2SO_4$ ve $SO_3$ tepkimeye girerek oleumu ($H_2S_2O_7$) oluşturur.

Su

4
$H_2S_2O_7$ ve $H_2O$ tepkimeye girerek $2H_2SO_4$'ü oluşturur.

Sülfürik asit

## Kükürt üretimi

Sülfürik asit üretimi başlı başına büyük bir endüstridir. ABD'de yıllık sülfürik asit üretimi diğer endüstriyel kimyasalların üretiminden daha fazladır. Yaklaşık %98'lik derişime sahip derişik sülfürik asit kararlıdır. Bu derişimde asitliği (pH) yaklaşık 0,1'dir. Sülfürik asit %100'lük derişimde kararlı değildir. Sülfürik asitin endüstriyel üretimi kükürt, oksijen ve su kullanılarak kontakt yöntemiyle gerçekleştirilir. Sürecin ilk aşamasında kükürt, kükürt dioksit gazı üretmek üzere yakılır:

$$S + O_2 \rightarrow SO_2$$

Kükürt dioksit daha sonra, vanadyum (V) oksit katalizörü eşliğinde oksijenle yükseltgenerek kükürt trioksit ($SO_3$) oluşturur:

$$2SO_2 + O_2 \rightarrow 2SO_3$$

Son olarak kükürt trioksit %98'lik derişimde sülfürik asit oluşturmak için suyla işlemden geçirilir:

$$SO_3 + H_2O \rightarrow H_2SO_4$$

Sülfürik asit yanmamasına rağmen tehlikeli olabilir. Yalnızca dumanı bile metali aşındırmaya yeter. Ayrıca, metalle etkileşime geçtiğinde yanıcı hidrojen gazı açığa çıkar. Asitin yüksek derişimi cildi de yakabilir. Bir aerosol olarak sülfürik asit gözlerin yanmasına neden olabilir.

## Hidrotermal bacalar

Kükürt bileşikleri çoğunlukla volkanik bölgelerde veya civarında bulunur. Volkanların ağzında genellikle saf kükürt depolanır. Bazı volkan ağızları okyanusun derinliklerinde çöküntü kuşaklarına yakın yerlerde bulunur. Bunlara hidrotermal baca adı verilir ve bu bacalardan metal sülfürle yüklü kaynar su açığa çıkar. Su genellikle siyah renktedir. Bu nedenle bu menfezler "kara baca" olarak da adlandırılır. Zaman içinde baca ağızlarının etrafında metal sülfür yatakları oluşabilir.

Kara bacaların çoğu okyanusların 1500 m'den daha derin kısımlarında yer alır. Kara bacalar dev tüplü solucanlar, istiridyeler ve karideslerin de yer aldığı çok çeşitli canlıları, aslında bütün bir ekosistemi destekler. Neredeyse tüm ekosistemler bitkilerin fotosentez (karbondioksit ve suyun glükoza dönüşmesi) yapmasına yardımcı olan güneş enerjisine bağımlıdır. Hayvanlar daha sonra bu bitkilerle beslenir ve glükozu besin olarak kullanır.

Ancak çok derinlerde bulunduklarından hidrotermal bacalara güneş ışığı ulaşamaz. Bakteriler sudaki hidrojen sülfürü parçalar ve besin üretmek için enerji kaynağı olarak kullanır. Bu olaya kemosentez denir. Bilim insanları bu ekosistemler üzerinde çalışarak Dünya'da yaşamın nasıl başladığına dair ipuçları bulmayı amaçlıyor.

---

### KÜKÜRTLÜ KOKULAR

Kükürt kokusu genellikle çürük yumurta kokusuyla özdeşleştirilir. Ancak, bu koku saf kükürtten değil, hidrojen sülfürden ($H_2S$) kaynaklanır. Hidrojen sülfür, doğal hâlde petrolde, volkanik gazlarda ve kaplıcalarda bulunur. Tiyol adı verilen kükürt bileşiklerinin ise daha ağır bir kokusu vardır. Kokarcalar, düşmanlarını uzaklaştırmak için vücutlarında bir tiyol karışımı saklı tutar. Tiyoller, karbon, hidrojen ve kükürtten oluşan karmaşık bileşiklerdir. Kokarcanın güçlü kokusu tiyollerin yükseltgenmesiyle yok edilebilir. Örneğin sodyum bikarbonat (hamur kabartma tozu) bu konuda etkili bir yükseltgendir.

*Rafflesia çiçeği bozulmuş et gibi kokar. Bu koku tiyollerden kaynaklanır ve çiçeğin tozlaşmasını sağlayacak sinekleri cezbeder.*

# HALOJENLER

Halojenler, genellikle diğer elementlerle bileşik oluşturan, tepkime yatkınlığı yüksek elementlerdir. Hepsi renklidir ve gazdan katıya kadar çeşitli hâllerde bulunur.

Halojenler, periyodik tablonun 17. grubunda yer alan elementlerdir. Bunlar flor (F), klor (Cl), brom (Br), iyot (I) ve astatindir (At). Halojen ismi Yunanca "tuz oluşturan" anlamındaki kelimeden gelir. Halojenler tuzları oluşturmak üzere metallerle tepkimeye girer.

## Fiziksel özellikleri

Tüm saf halojenler, yani $F_2$, $Cl_2$, $Br_2$, $I_2$ ve $At_2$, çift atomlu molekül hâlindedir. Flor uçuk sarı renkte, klor ise yeşilimsi-sarı renkte bir gazdır. Brom kırmızı-kahverengi bir gaz oluşturan koyu kırmızı-kahverengi bir sıvıyken, iyot ısıtıldığında mor buhar oluşturan koyu gri renkte bir katıdır. Astatin oldukça nadir bulunan bir elementtir ve radyoaktiftir. Tüm halojenlerin saf hâli zehirlidir.

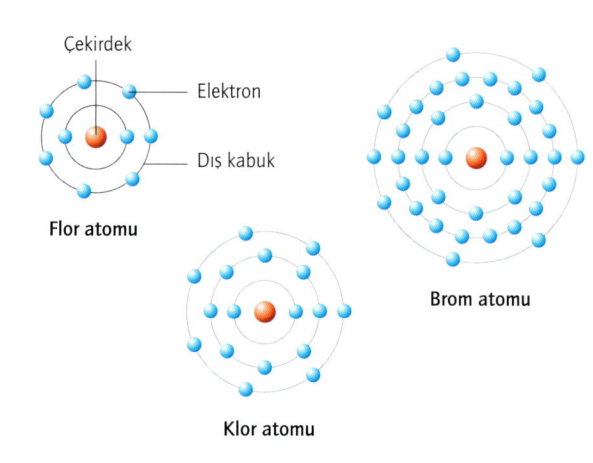

Flor atomu — Çekirdek, Elektron, Dış kabuk

Brom atomu

Klor atomu

## Kimyasal özellikleri

Halojenler birçok metal ve ametalle tepkimeye girer. Tüm halojenler, elektron ilgileri yüksek olduğundan tepkimeye çok yatkındır ve -1 yükseltgenme basamağına sahiptir. Bir elektron alarak dış elektron kabuklarını doldurmaya ve atomlarını kararlı hâle getirmeye çalışırlar.

## Yaygın halojenler

Flor periyodik tabloda, tepkime yatkınlığı en yüksek elementtir, bu nedenle oldukça aşındırıcı bir gazdır.

Yeryüzünde hayli yaygındır ve birkaç mineral oluşturur. Bilinen kaynağı florittir ($CaF_2$). Florit renksiz veya beyaz, mor, mavi, sarı veya kırmızı renklerde olabilen kübik kristallere sahiptir. Flor; soğutucularda, hidroflorik asit, çelik ve teflon gibi plastikler için kloroflorokarbon (CFC) üretiminde kullanılır.

*Birçok kuruluş çatlak borulardan girebilecek bakterileri öldürmek için su kaynaklarına klor ekler. Su musluğa ulaşıncaya kadar klor, suyu içilebilir hâle getirir ve kendisi neredeyse tamamen tükenir.*

# AMETALLER

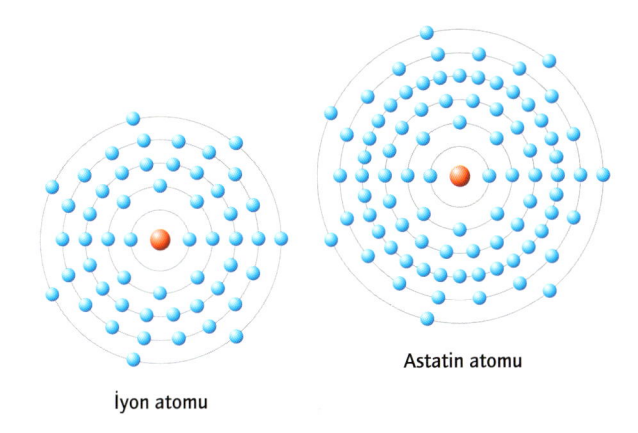

**İyon atomu**

**Astatin atomu**

*Halojen atomları genişledikçe çekirdeğin, dış elektron kabuğundaki elektronları çekme kuvveti azalır. Bu nedenle, halojen atomları diğer atomlarla kovalent bağ yapmaya daha eğilimli hâle gelir.*

Klor, sanayide en yaygın kullanılan halojendir. Kaya tuzu minerali, NaCl (sofra tuzu), klorun en doğal ana kaynağıdır. Klor gazı suyun dezenfekte edilmesinde, klor bileşikleri ağartıcı madde olarak; klor ise PVC gibi bazı plastik malzemelerde kullanılır. Klor ayrıca birçok tarım ilacında da kullanılır.

Brom ve iyot, flor veya klora göre daha az bulunur. Bunun sonucu olarak da sanayide daha az kullanılır. Brom tarım ilaçlarının, alev geciktiricilerin ve bazı fotoğraf filmlerinin üretiminde kullanılır. İyot insan sağlığı için önemli bir elementtir. Boyunda bulunan tiroit bezlerini etkileyen ve guatr olarak adlandırılan hormonal hastalığın önlenmesi için sofra tuzuna eklenir.

## Tepkime yatkınlığı

Halojenlerin hepsi dış elektron kabuklarında yedi elektron bulundurur. Oktetlerini tamamlamak için sadece bir elektrona ihtiyaçları vardır. Dolayısıyla halojenlerin tepkime yatkınlıkları benzerdir. Tüm halojenler, halojenürleri oluşturmak için metalleri yükseltgerler (metallerden elektron alırlar). Halojen oksitleri ve hidrürleri suda asit oluşturur. Flor, elektronegatifliği en yüksek elementtir, yani en kuvvetli negatif yüke sahiptir.

## HALOJEN LAMBALAR

Halojen lambalar çok parlak ışıklardır. Gün ışığına benzer parlaklıkta ışık üretebilmek için metal ve bir halojenden meydana gelen kimyasal bileşikleri, yani metal halojenürleri kullanırlar. Halojen lambalarda kuvarstan bir cam içinde tungsten filamanlar vardır. Lamba açıldığında, tungsten filamanlar buharlaşmaya başlar ve buhar, cam içindeki halojenlerle tepkimeye girer. Tungsten halojenür, filamanlar üzerinde tutulur. Bu yöntem filamanların ve lambanın diğer lambalara göre daha uzun ömürlü olmasını sağlar.

*Halojen lambalar çok parlak ışık verdiklerinden diğer lambalardan daha küçüktür. Bu özellik halojen lambaların farlarda kullanımına imkân tanır.*

Genellikle elektronegatiflik ve yükseltgeme gücü flordan iyota doğru inildikçe zayıflar. Elektronegatifliğin azalmasıyla, bileşiklerdeki kovalent (ortaklaşa kurulan) bağ sayısı artar. Bu nedenle, aluminyum florür ($AlF_3$) iyonik (pozitif veya negatif yüklü atomlara iyon denir) iken aluminyum klorür ($AlCl_3$) kovalent bağlıdır.

# HALOJENLER

Flor, atom ve iyonunun küçük boyutlu olması nedeniyle bazı ayırt edici özelliklere sahiptir. Bu durum –tıpkı aluminyum tetraklorür ($AlCl_4^-$) ile karşılaştırıldığında aluminyum hekzaflorürde ($AlF_6^{3-}$) olduğu gibi– flor atomlarının farklı merkez atomları etrafında farklı sayılarda istiflenmesine olanak sağlar.

Bununla birlikte, F-F bağları da beklenmedik şekilde zayıftır. Bunun nedeni, flor atomunun boyutunun küçük olmasından dolayı bağ yapmamış elektron çiftlerinin birbirine diğer halojenlerdekine kıyasla daha yakın olması ve elektronların itme kuvvetinin bağı zayıflatmasıdır.

## Periyodik eğilimler

Halojenlerin atom yarıçapları periyodik tabloda yukarıdan aşağıya doğru inildikçe artar. Her halojende, dış elektron kabuğunda bulunan elektronlar çekirdekteki net +7 yükü etkiler. Çekirdekteki pozitif yük, iç kabuk elektronlarının negatiflikleri nedeniyle azalır. Bu nedenle, iç kabuk elektronlarının bulunduğu orbital sayısı, atomun büyüklüğünü etkileyen tek faktördür.

*Teflon, yiyeceklerin pişirilirken yapışmasını önlemek amacıyla tavaların yüzey kaplamasında kullanılan halojenli plastiktir. Yüksek sıcaklıklara dayanıklıdır fakat yüzeyinin zarar görmesiyle birlikte etkisini kaybeder.*

## HİDROFLORİK ASİT

Hidroflorik asit (HF) camı çözecek kadar güçlüdür. Bu nedenle polietilen veya teflon kaplarda saklanmalıdır. Elle teması çok tehlikedir. Cilde kolaylıkla nüfuz eder ve alttaki dokulara zarar verir. Kemiklerdeki kalsiyumu da yok eder. Hidroflorik asit, oksitleri silisyumdan ayırmak için yarı iletken endüstrisinde yaygın olarak kullanılır.

Elektronegatiflik, bir atomun bağ yapan elektron çiftini çekebilme gücüdür. Elektronegatifliği en yüksek element flordur. Bir hidrojen atomu ile bir halojen arasında bağ yapan elektron çifti, flor ve klorun her ikisinden de net +7 yükü eşit ölçüde etkiler. Küçük çaplı florun çekirdeğinden gelen güçlü çekim, florun elektronegatifliğinin neden klordan daha fazla olduğunu açıklar. Halojen atomları genişledikçe, bağ yapan elektron çifti giderek halojen çekirdeğinden uzaklaşır ve çekirdeğe olan ilgisi zayıflar. Böylece elektronegatiflik azalır.

Elektron ilgisi, alınan elektron ile çekirdek arasındaki çekimdir. Çekim arttıkça elektron ilgisi de artar. 17. grupta elektron ilgisi yukarıdan aşağıya doğru giderek azalır. Atom genişledikçe, alınan elektron çekirdekten uzaklaşır ve böylece daha az çekim gücü yaratır. Elektron ilgisi bu nedenle grupta aşağıya doğru gidildikçe azalır. Örneğin florda, atom boyutu küçük olduğundan elektronların hepsi birbirine yakındır ve bu nedenle oluşturdukları itme gücü de daha fazladır. Bu durum, florun çekirdekte yarattığı çekim gücünü, florun elektron ilgisini, klorun elektron ilgisinin altına düşürecek kadar azaltır.

### Halojenlerin keşfi

$CaF_2$ formülüne sahip florit, ilk olarak 1530'da tanımlandı. Metallerin birbiriyle kaynaşmasını kolaylaştırmak için kullanılıyordu. Birçok ünlü kimyacı, floritin derişik sülfürik asit ile tepkimesinden elde edilen hidroflorik asit üzerinde deneyler yaptı. Hidroflorik asitin yeni bir element içerdiği biliniyordu fakat bu asit tepkime

# AMETALLER

yatkınlığı yüksek olduğundan ayrıştırılamıyordu. 1886 yılında Fransız kimyacı Henri Moissan (1852-1907) floru ayrıştırmayı başardı. Bu keşfi nedeniyle Moissan'a 1906 yılında Nobel Ödülü verildi.

1774'te İsveçli kimyacı Carl Wilhelm Scheele (1642-1786) kloru keşfetti fakat oksijen zannetti. İngiliz kimyacı Humphry Davy (1778-1829) nihayet 1810'da kloru ayrıştırmayı başardı.

Antoine Balard (1802–1876) 1826 yılında bromu keşfetti. Balard bromu Fransa'da tuzlu bataklık bir araziden çıkardı. Joseph-Louis Gay-Lussac (1778–1850) brom buharının keskin kokusu nedeniyle bu halojen için Yunancada pis koku anlamına gelen bromos kelimesinden hareketle brom adını önerdi.

Barnard Courtois (1777–1838) 1811'de iyotu keşfetti. Courtois derişik sülfürik asit kullanarak deniz yosunu külünden güherçile (potasyum nitrat) ayrıştırıyordu. Kazara çok fazla asit ekleyince mor renkli bir buharın varlığını ve bu buharın soğuk zeminde kristallendiğini keşfetti. Denemeler Gay-Lussac ve Davy'nin önünü açtı. Her ikisi de yalnızca birkaç gün arayla bu yeni maddeyi element olarak tanımladı. Kamuoyu önünde elementi ilk önce kimin tanımladığı konusunda tartıştılar fakat her ikisi de gerçek onurun keşfi yapana, Courtois'e ait olduğunu kabul etti.

*Kalsiyum florür ($CaF_2$), florit minerali şeklinde oluşur. Florun başlıca kaynaklarından biridir.*

## Yükseltgen olarak halojenler

Yükseltgenler elektron alır. Yükseltgen ne kadar kolay elektron alabiliyorsa o kadar güçlüdür. Halojenler de kolay elektron alabildiklerinden güçlü yükseltgenlerdir. Beklendiği gibi halojenlerin yükseltgenme kabiliyeti küçükten büyüğe doğru azalır. Yani halojenler en güçlüden en güçsüze doğru $F_2 > Cl_2 > Br_2 > I_2$ şeklinde sıralanır. Flor, birçok organik bileşikle patlamalı tepkimeye girer.

## AĞARTMA İŞLEMİ

Ağartma işlemi yaygın olarak çamaşırhanelerde yapılır. Az miktarda ağartıcı, beyazları daha da beyazlaştırırken fazla ağartıcı renkli giysileri soldurabilir. Evlerde kullanılan ağartıcılar, seyreltik sodyum hipoklorit çözeltisidir. Ağartma işlemi, farklı birçok endüstride de kullanılır. Bu işlem yüzeyde bulunan mikropları, bakterileri ve virüsleri yok eder. Gıda imalatındaki malzemelerin, tıbbi malzemelerin ve yüzme havuzlarının dezenfekte edilmesinde kullanılır. Endüstride, borularda bakteri ve alglerin gelişmesini önlemek için soğutma suyuna ağartıcı eklenir. Sodyum hipoklorit, madencilikte değerli metallerin geri kazanımında ve kâğıt imalâtında odun hamurunun ağartılmasında da kullanılır.

*Bir polis arabasının lastikleri temizleme istasyonunda ağartıcı ve klor kullanılarak temizleniyor.*

# HALOJENLER

*Deri üzerinde bulunması muhtemel bakterileri öldürmek için cerrahi müdahaleler öncesinde, kesilen bölgenin etrafına iyot sürülür. İyot, sürüldüğü yerde sarı lekeler bırakır.*

Bu nedenle flor ile çalışmak birtakım özel donanımların kullanılmasını gerektirir.

En yaygın kullanılan halojenler klor ve bromdur. Klor gazı, ağartıcı maddelerin seyreltik çözeltilerinden elde edilebilir. Brom gazı ise kahverengi duman çıkaran, uçucu, kırmızımsı-kahverengi renkte aşındırıcı bir sıvıdır. Klorlama için kullanılan bileşiklerden biri evlerde de sıkça kullanılan bir ağartıcı olan sodyum hipoklorittir (NaOCl). NaOCl'nin bir kısmı suda HO-Cl$^+$ imiş gibi tepkimeye giren HOCl'ye dönüşür.

## Önemli halojen bileşikleri

Oldukça önemli iki halojen bileşiğinden daha önce bahsedilmişti: Bunlar hidroflorik asit ve sodyum hipoklorittir. Her iki bileşiğin de endüstride birçok önemli kullanım alanı olmakla birlikte kullanışlı halojen bileşikleri sadece bunlar değildir.

Flor tepkimeye çok yatkın olduğundan pek çok bileşik oluşturması şaşırtıcı değildir. Bir iyon olarak flor, çoğu metalle ve birçok ametalle florürlerini oluşturur. Florürler, endüstride uranyum ve plastik imalatında ve dişleri güçlendirmek için diş macunlarında kullanılır. Florür, organik maddelerle organoflorür bileşiklerini oluşturur. Organoflorürler klimalarda ve soğutucularda kullanılır. Flor gibi klor da tepkimeye oldukça yatkındır. Farklı birçok klor bileşiği vardır. Klor bileşikleri, klorürler (Cl$^-$), kloratlar (ClO$_3^-$), kloritler (ClO$_2^-$), hipokloritler (ClO$^-$) ve perkloratlar (ClO$_4^-$) şeklinde oluşur. Hidroklorik asit, (HCl), sanayide yaygın olarak kullanılır. Klor bileşikleri aynı zamanda yükseltgen madde, örneğin yaygın şekilde ağartıcı olarak kullanılır. Klor ayrıca organik moleküllerle de bileşikler oluşturur. Bu organoklorürler arasında birçok tarım ilacının yanı sıra bazı kimyasal silah maddeleri de yer alır.

Brom, bromat (BrO$_3^-$) adı verilen tuzları oluşturur. Bromatlar güçlü yükseltgenlerdir ve havai fişek yapımında yaygın olarak kullanılırlar.

### KLORAMİNLER

Kloraminler azot, hidrojen ve klor içeren bileşiklerdir. Bazen klor içerikli ev temizlik maddelerinin kazara amonyak içeren diğer temizleyicilerle karışması durumunda açığa çıkar. Böyle bir tepkimede kloramin gazı oluşur. Kloramine maruz kalındığında gözler, burun, boğaz ve solunum yolları tahriş olur. Göz yaşarması, burun akıntısı, boğaz yanması, öksürme ve göğüs sıkışması gibi belirtiler görülür. Bunlar, kloraminin yalnızca birkaç kez koklanmasıyla başlayıp 24 saate kadar devam edebilir. Kapalı yüzme havuzlarının kendilerine has kokusunun nedeni, havuz suyuna, zarar vermeyecek miktarda eklenen kloraminlerdir.

# AMETALLER

> **BİLİMSEL TERİMLER**
>
> - **iyon** Dış elektron kabuğunda bulunan elektronları vererek veya dışarıdan bu kabuğa elektron alarak elektrik yükü kazanan atom veya molekül.
> - **yükseltgen** Dış kabuğunu kararlı hâle getirmek üzere başka bir maddeden elektron koparan madde.

Bromatlar ayrıca, ozonla dezenfekte edilen ve çözünebilen bromür içeren içme sularında da oluşabilir. Bromatlar kanserojen, yani kansere yol açan maddelerdir. Bromürler organik bileşiklerle tepkimeye girerek organobromürleri oluşturur.

İyot; iyodür ($I^-$) ve iyodat ($IO_3^-$) tuzlarını oluşturur. İnsan vücudu için önemlidir ve vücut bu ihtiyacını besinlerde bulunan iyottan karşılar. İyot bileşikleri fotoğraf filmlerinde ve antiseptik madde olarak yaraların temizlenmesinde veya cerrahi müdahaleler öncesinde kullanılır. İyot ayrıca organik bileşiklerle tepkimeye girerek organoiyodürleri oluşturur. Organoiyodürler tıbbi araştırmalarda kullanılır.

## Organik halojen bileşikleri

Halojen içeren organik bileşiklere halokarbon adı verilir. Halokarbonlarda, bir veya daha fazla karbon atomuyla kovalent bağ yapmış bir veya daha fazla halojen atomu bulunur. Bazı halokarbonlar, halojenür tuzları, organik bileşiklerle tepkimeye girdiğinde doğal olarak oluşur. Buna rağmen çok küçük miktarlarda halokarbon üretimi yapılır. Halokarbon bileşiklerinin sentezlenmesine 1800'lerin başlarında başlanmıştır. Günümüzde, halokarbonlar çok farklı ürünlerde ve çok farklı endüstriyel işlemlerde kullanılır.

*Solda: Kel kartal, besin zincirinde halokarbonlu tarım ilaçlarının yoğun olarak kullanılması nedeniyle bir zamanlar neslinin tükenmesi tehlikesiyle karşı karşıya kalmıştı.*

*Sağda: Bunlar bir inşaat alanında yer alan PVC (polivinilklorür) borular. PVC de dâhil olmak üzere bazı plastik malzemeler klor atomu içerir.*

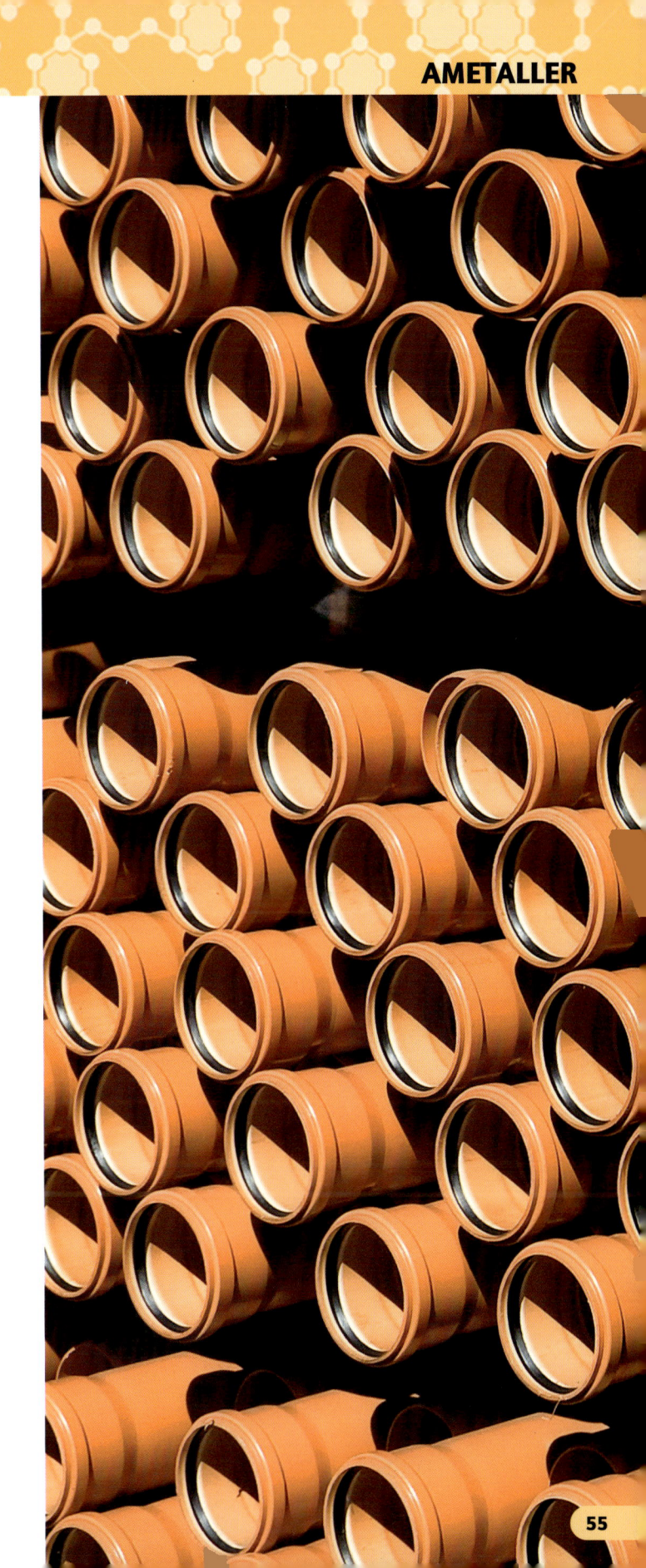

# HALOJENLER

Halokarbonlar, çözücü, yapıştırıcı, tarım ilacı, soğutucu, ateşe dayanıklı yağ, dolgu macunu, elektrik yalıtımı kaplaması, plastikleştirici madde ve plastik olarak kullanılır. Çok kararlı ve etkili olduklarından kullanımları yaygındır. Genellikle asit veya bazlardan etkilenmezler, kolay alev almazlar, bakteri saldırılarına ve küflenmeye karşı dirençlidirler ve birçoğu güneş ışığı etkisiyle parçalanmaya karşı dayanıklıdır. Halokarbonları bu kadar kullanışlı kılan özellikleri bazı sorunlara da yol açar.

Halokarbonlar, doğaya bırakıldığında da kararlı kalır, bu nedenle parçalanmaları uzun zaman alır. Böylece birikerek doğanın kirlenmesi gibi büyük bir probleme neden olurlar. Bunu tür problemleri engellemek için, endüstride kullanılan halokarbon miktarı azaltılmış ve halokarbonların taşınması ve imhasına yönelik daha iyi düzenlemeler yapılmıştır.

## Halojenler ve sağlık

Dişlerin güçlendirilmesi ve çürümelerinin önlenmesi için diş macunlarına, ağız gargaralarına ve içme sularına florür içeren bileşikler eklenir. Florür minelerdeki hidroksiapatit kristallerine bağlanır ve mineleri güçlendirir. Bu durum diş çürümelerini önler. Bazı su kaynaklarında florür doğal olarak bulunurken, bazılarına dışarıdan eklenir.

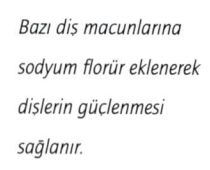

*Bazı diş macunlarına sodyum florür eklenerek dişlerin güçlenmesi sağlanır.*

### KLOR GAZI

Klor gazı oldukça zehirlidir ve bu gazla temastan kaçınılmalıdır. Birçok ev temizlik maddesi hipoklorit ağartıcı içerir, bu nedenle dikkatli kullanılmalıdır. Ağartıcılar ve ağartıcı içeren temizlik maddeleri kesinlikle asitlerle karıştırılmamalıdır. Karıştırılırsa klor gazı açığa çıkar. Bu gaz mukoz zarlara zarar verir ve pulmoner ödem (akciğerlerde su birikmesi) gibi çeşitli rahatsızlıklara neden olabilir. Herhangi bir temizlik maddesi kullanılırken uyarı etiketleri okunmalı ve kullanım talimatlarına uyulmalıdır.

Klorürler de insan vücudu için önemlidir. Nitekim klorürler insanın toplam vücut ağırlığının yaklaşık %0,15'ini oluşturur. Vücut sıvılarında sodyum ve potasyum iyonlarının derişimlerini korumaya yardımcı olurlar. Ayrıca midede sindirime yardımcı olan hidroklorik asitin üretimi için de önemlidirler. Çok çeşitli yiyeceklerde bulunduklarından insan vücudunda klorür eksikliği nadiren görülür.

Eser miktarda iyot vücut için oldukça önemlidir. İyot, insan vücudunun toplam ağırlığının yaklaşık %0,00004'ünü meydana getirir. Tiroid bezleri tiroksin ve triiyodotirozin hormonlarını üretmek üzere iyotu kullanır. Bu hormonlar vücudun büyümesini, gelişmesini ve metabolik hızını etkiler. İyot yiyeceklerden, özellikle de deniz ürünlerinden, kolaylıkla alınır. İnsanların yeterli ölçüde iyot almalarını sağlamak için sofra tuzlarına iyot eklenir. Bu eser miktar, gerekli iyotun sağlanması için yeterlidir.

## Laboratuvar ortamında hazırlanması

Halojenlerin birçoğu kullanılabilir olduğundan laboratuvar ortamında az miktarlarda üretilmelerine nadiren ihtiyaç duyulur. Tepkimeye çok yatkın olduklarından küçük miktarlarda üretilmeleri de zordur. Buna rağmen, saf halojen hazırlamanın birkaç ilginç yöntemi vardır.

# AMETALLER

Florun keşfinden 100 yıl sonra, 1986'da, Karl Christe (1937–) saf flor hazırlamanın yeni bir yöntemini keşfetmiştir. Bu yöntemde anhidröz (susuz) hidroflorik asit (HF), potasyum manganez florür ($K_2MnF_6$) ve antimon florür ($SbF_3$) 150°C'deki bir çözeltide tepkimeye sokulur. Bu metot endüstriyel uygulamalar için uygun değildir fakat Moissan işleminde olduğu gibi elektroliz gerektirmez.

Sodyum klorat çözeltisine derişik hidroklorik asit eklenmesiyle klor gazı açığa çıkar. Klor gazı daha karmaşık tepkimeler kullanılarak da elde edilebilir.

## Endüstriyel üretimi

Flor endüstriyel olarak hâlen Moissan işlemi kullanılarak üretilir. Bu işlem anhidröz hidroflorik asitin, potasyum hidroflorür ($KHF_2$) eklenerek elektroliz edilmesinden oluşur. Klor yaygın kullanılan halojenlerden biridir. Klorun ticari üretimi için birkaç yöntem kullanılmaktadır. En yaygını membran elektroliz hücresi veya diğer adıyla klor-alkali işlemidir ve yararlı üç endüstriyel ürünün oluşmasını sağlar. Bunlar klor gazı, hidrojen gazı ve sodyum hidroksittir. Yöntemin genel tepkimesi aşağıdaki gibidir:

$$2NaCl + 2H_2O \rightarrow Cl_2 + H_2 + 2NaOH$$

Klor-alkali işlemi bir tepkime hücresinde meydana gelir. Klor anotta (pozitif yüklü elektrotta), sodyum hidroksit ve hidrojen ise katotta (negatif yüklü elektrotta) oluşur. Bu, etkin bir yöntemdir ve her üründen büyük miktarlarda üretim yapmak için kullanılır.

Herbert Dow (1866-1930) deniz tabanındaki tuz kaynaklarından saf brom elde etmek için elektrolitik bir yöntem keşfetmiştir. Denizdeki tuz yatakları genellikle petrolle birlikte bulunur. Bazen tuz yatağı, brom bileşikleri yönünden oldukça zengindir. Bu tuzun elektroliziyle brom bileşiklerinin ticari üretiminde kullanılan saf brom elde edilir.

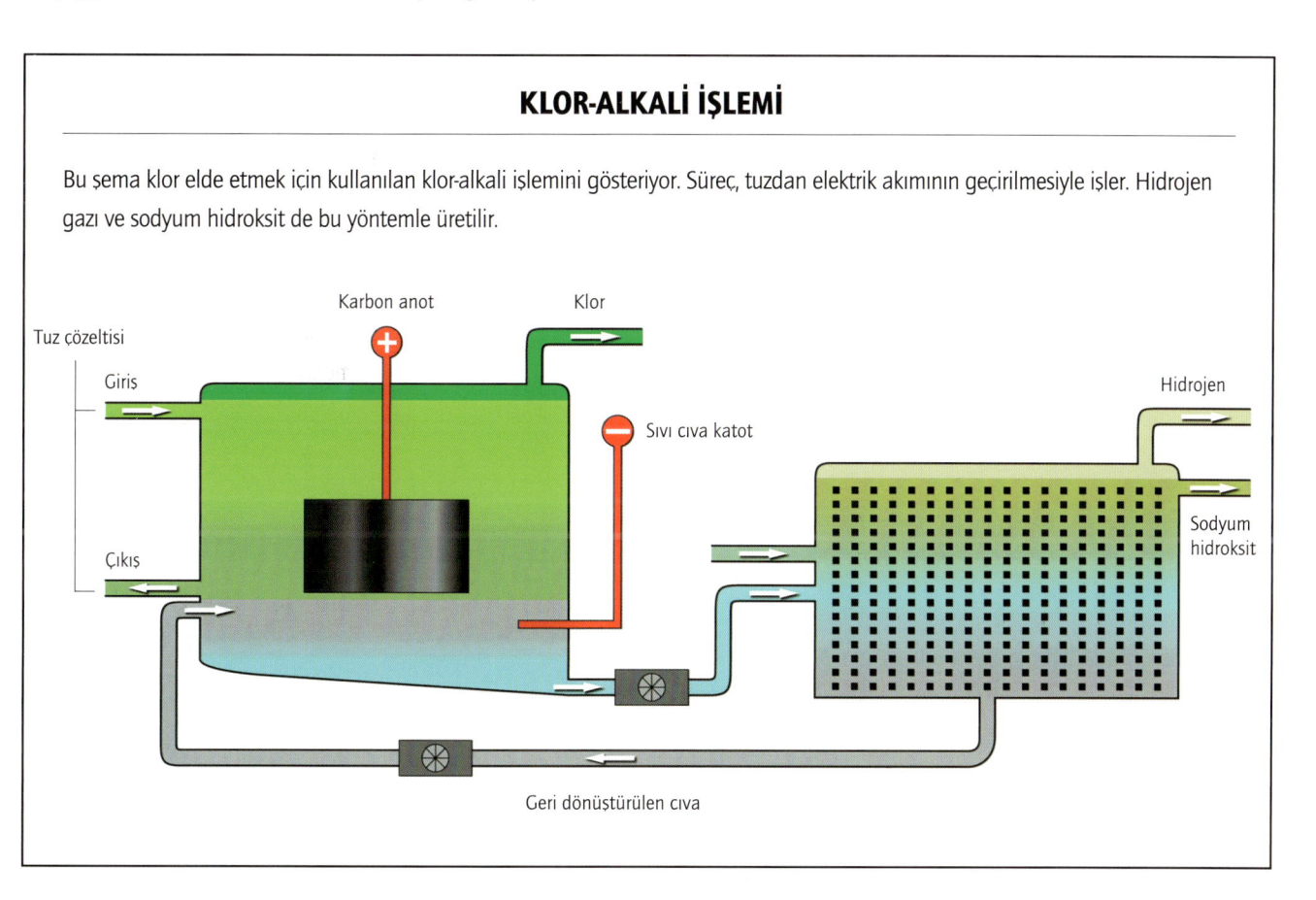

## KLOR-ALKALİ İŞLEMİ

Bu şema klor elde etmek için kullanılan klor-alkali işlemini gösteriyor. Süreç, tuzdan elektrik akımının geçirilmesiyle işler. Hidrojen gazı ve sodyum hidroksit de bu yöntemle üretilir.

Tuz çözeltisi
Giriş
Karbon anot
Klor
Sıvı cıva katot
Çıkış
Hidrojen
Sodyum hidroksit
Geri dönüştürülen cıva

# SOY GAZLAR

Periyodik tabloda sadece gazlardan oluşan tek grup vardır. Bu grup, soy gazlar olarak adlandırılır çünkü bu elementler diğer maddelerle tepkimeye girmeye yatkın değildir.

Soy gazlar periyodik tablonun 18. grubunda yer alan kimyasal elementlerdir. Bu grupta helyum (He), neon (Ne), argon (Ar), kripton (Kr), ksenon (Xe) ve radon (Rn) yer alır. Bunlar tepkime yatkınlığı en az olan elementlerdir. Etkisiz olmalarının nedeni de dış elektron kabuklarındaki doluluktur. Bu özellikleri onları oldukça kararlı hâle getirir.

## Fiziksel özellikleri

Tüm soy gazlar monatomiktir, yani tek atomludur. Atomları arasındaki etkileşim zayıf olduğundan düşük

*6 tane soy gaz vardır. Bunlar helyum, neon, argon, kripton, ksenon ve radondur. Bunlar, tepkime yatkınlığı en az olan elementlerdir çünkü dış elektron kabukları doludur (sekiz elektron bulundurur). Sonuç olarak, soy gazların kararlı olmak için elektron almaya veya vermeye ihtiyacı yoktur.*

sıcaklıklarda kaynarlar. Bu nedenle, bu gruptaki tüm elementler standart sıcaklık ve basınçta gaz hâlindedir. Kaynama noktası -268,9°C olan helyum, kaynama noktası en düşük olan maddedir.

## Kimyasal özellikleri

Bu grup önceleri, bileşik yapmadıkları düşünülerek "eylemsiz gazlar" olarak adlandırılmıştı. Soy gaz bileşikleri ilk kez 1962'de sentezlendi. Günümüzde bu sentezlerin detayları oldukça iyi bilinmektedir. Helyum, neon ve argonun bilinen bir bileşiği yoktur. Kripton, florla tepkimeye girdiğinde renksiz bir katı olan $KrF_2$'yi oluşturur. Ksenon oksijen ve florla çok çeşitli bileşikler meydana getirir. Bilinen en az 80 kripton bileşiği vardır.

## Soy gazların keşfi

Keşfedilen ilk soy gaz argondur. İki İngiliz bilim insanı, Lord Rayleigh (1842-1919) ve William Ramsay (1852-1916) argonu, 1894 yılında havadan oksijen ve azotu ayrıştırdıkları bir deney sırasında keşfetti. Argon havanın yaklaşık %1'ini oluşturduğu için geriye kalan gazın çoğunluğu argondu. Argon sözcüğü Yunancada "etkisiz" anlamına gelir.

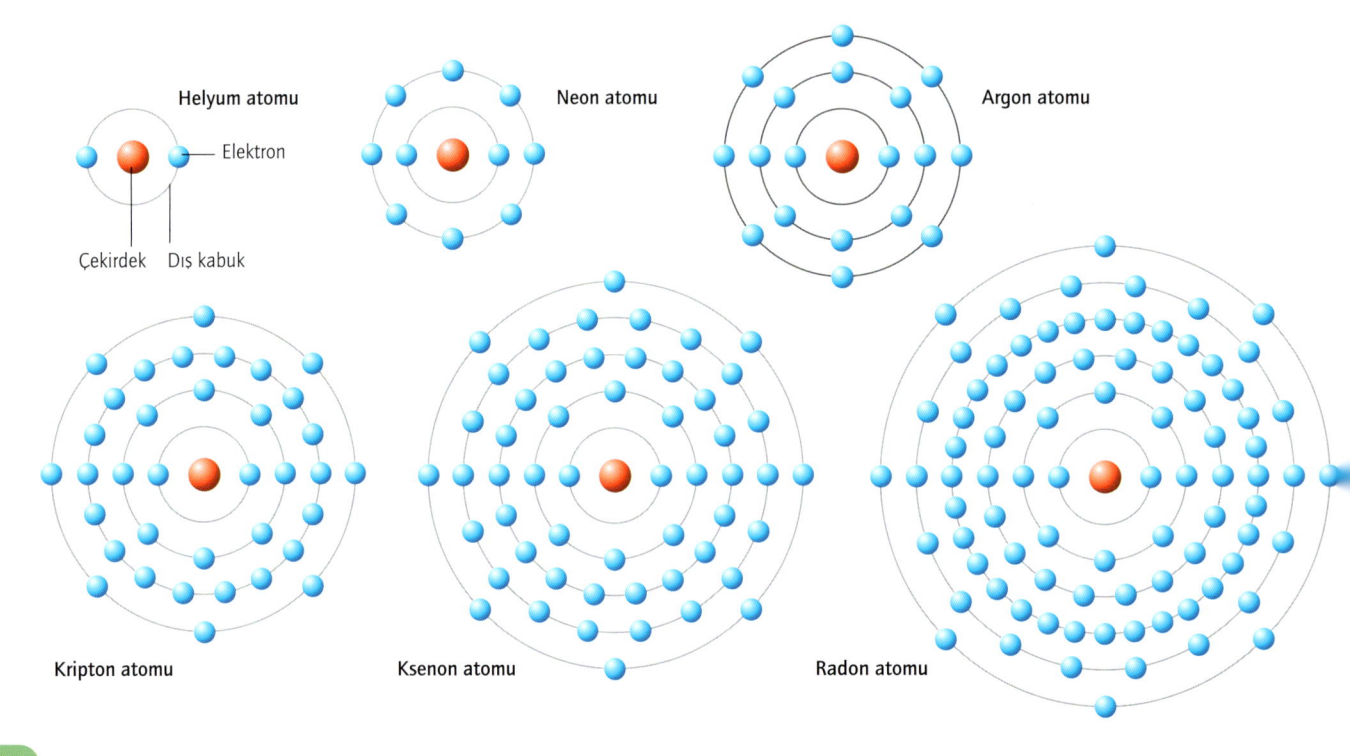

Helyum atomu — Elektron — Çekirdek — Dış kabuk

Neon atomu

Argon atomu

Kripton atomu

Ksenon atomu

Radon atomu

# AMETALLER

Helyumu 1895'te William Ramsay keşfetti. Minerallerde argonun varlığını araştırdığı bir sırada, argon yerine helyumu buldu. 1909 yılında, Ernest Rutherford (1871-1937) ve Thomas Royds (1884-1955) adındaki iki İngiliz bilim insanı, radyoaktif bozunma tepkimelerinde açığa çıkan alfa parçacığının bir helyum çekirdeği olduğunu saptadı.

Ramsay ve Morris Travers (1872-1961) 1898'de sıvılaştırılmış havanın bileşenlerini incelerken kripton ve neonu keşfetti.

Radon ise 1900'de Alman fizikçi Friedrich Ernst Dorn (1848-1916) tarafından keşfedildi. Radyum üzerinde çalıştığı sırada Dorn, radyumun radyoaktif bozunma zincirinin parçası olarak radonu keşfetti. 1908'de William Ramsay ve Robert Whytlaw-Gray (1877-1958) radonu ayrıştırdı ve yoğunluğunu tespit etti. Radon bilinen en ağır gazdır.

## Soy gazların kullanımı

Soy gazlar tepkimeye yatkın olmamasına rağmen bazı soy gazların ticari kullanımı mevcuttur. Helyum, argon ve neon pek çok uygulamada kullanılırken kripton, ksenon ve radonun kullanım alanı yoktur.

Helyum, ticari açıdan en kullanışlı soy gazdır. Sıvı helyum, kaynama noktası en düşük madde olduğundan nesneleri soğuk tutmak için kullanılır. Viskozitesi, yani akmaya karşı direnci olmadığı için süperakışkan olarak kabul edilir. Süperakışkanlar, bazı araştırma sistemlerinde, örneğin kütle çekimi araştırmalarında başvurulan yüksek kesinlikli jiroskoplarda kullanılır.

Helyum uçan balonlarda ve zeplin gibi havadan daha hafif taşıtlarda kullanılır. Helyumun, neredeyse hidrojen kadar güçlü bir kaldırma kuvveti vardır. Ancak hidrojenin aksine tutuşmaz. Ayrıca endüstriyel uygulamalarda, örneğin nükleer reaktörlerde soğutucu olarak ve sıvı yakıtlı roketlerde basıncın ayarlanmasında kullanılır.

Argon akkor ampullerde kullanılan gazdır. Yüksek sıcaklıklarda bile ampuldeki filamanla tepkimeye girmediği için kullanışlıdır.

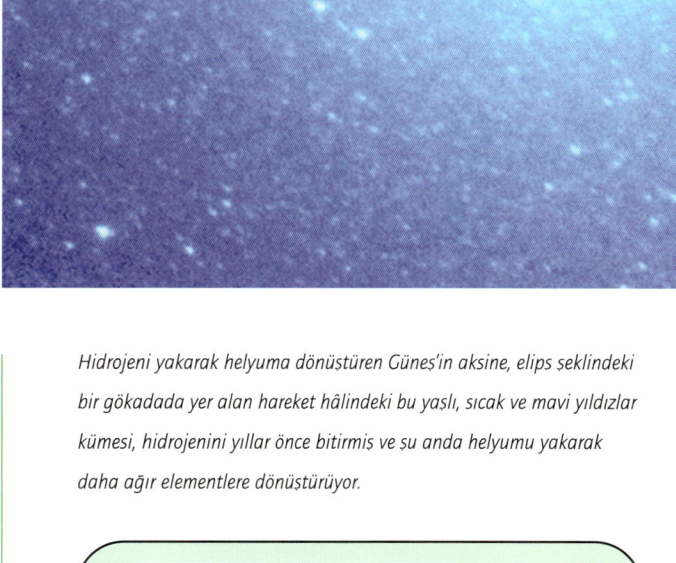

*Hidrojeni yakarak helyuma dönüştüren Güneş'in aksine, elips şeklindeki bir gökadada yer alan hareket hâlindeki bu yaşlı, sıcak ve mavi yıldızlar kümesi, hidrojenini yıllar önce bitirmiş ve şu anda helyumu yakarak daha ağır elementlere dönüştürüyor.*

---

**BİLİMSEL TERİMLER**

- **bozunma zinciri** Bir radyoaktif elementin parçalanma tepkimeleri dizisi.
- **radyoaktif element** Farklı elementleri oluşturmak üzere parçalanan, kararsız bir çekirdeğe sahip olan element.

# SOY GAZLAR

Ayrıca bazı kaynak işlemlerinde oksitlenmeyi önlemek için koruyucu gaz olarak kullanılır. Argon ısıyı iyi iletmez. Bu nedenle, ısıcamlarda camların arasını ve dalgıçların çok soğuk sularda giydiği su geçirmez giysileri doldurmak için kullanılır. Ayrıca bazı müzelerde önemli kitapları ve belgeleri, havadaki oksijen veya su buharının yaratacağı zararlı etkilerden korumak için kullanılır.

Neon yaygın olarak neon lambalarında kullanılır fakat farklı kullanım alanları da vardır: Televizyon tüplerinde, vakum tüplerinde, yüksek voltaj göstergelerinde ve paratonerlerde kullanılır. Sıvı neon ise sıvı helyum kadar düşük sıcaklık gerektirmeyen bazı uygulamalarda kullanılır.

## Endüstriyel üretim

Kriyojenik damıtma, ultra saf soy gazların üretilmesinde başlıca yöntemdir. Bu işlem yüksek miktarda enerji gerektirir ancak sonuçta sıvı hava elde edilir.

### NEON LAMBALARI

Neon lambaları neon gazı içeren tüplerdir. Tüpten geçirilen elektrik akımı neon atomlarının elektronlarını harekete geçirir ve kırmızı renkte parlamalarına neden olur. Küçük miktarlarda eklenen argon, cıva veya fosfor farklı renklerin oluşmasını sağlar. İlk neon lambası neonun keşfedilmesinden yalnızca dört yıl sonra 1902'de yapılmıştır.

### KARIŞIM GAZ DALIŞLARI

Tüple dalış yapan dalgıçlar, basınç arttıkça teneffüs ettikleri sıkıştırılmış havadaki azot ve oksijen nedeniyle fazla derine dalamazlar. Karışım gaz dalışlarında ise helyum-oksijen gaz karışımı kullanılır. Azot yerine helyum kullanılarak ciddi tehlikeler önlenmiş olur. Çünkü azot derin sularda narkotik etki yaparak duyuların körelmesine ve dalgıcın kendini uykulu hissetmesine neden olabilir. Ayrıca, kanda çözünür. Eğer dalgıç yüzeye çok hızlı çıkarsa çözünmüş azot, çözeltiden uzaklaşmak ister ve kanda baloncuklar oluşturur. Bu baloncuklar ölümle sonuçlanabilen vurgunlara yol açar.

Hava soğutulur ve tüm su buharı ve karbondioksit uzaklaştırılır. Ardından hava sıkıştırılır ve sıvılaşana kadar kademeli olarak soğutulur. Bu süreçte büyük miktarda sıvı azotun yanı sıra sıvı oksijen de üretilir. Daha sonra sıcaklığın arttırılmasıyla farklı gazlar sıvı havadan ayrıştırılır. Her elementin kaynama noktası farklı olduğundan, her bir gaz sıvıdan gaza dönüşürken toplanabilir. Havanın bileşenleri arasında en yüksek orana sahip soy gaz argondur.

Helyum doğal gaza karışmış olarak da bulunur. Sıvılaştırılmış doğal gazın damıtılmasıyla ticari miktarlarda elde edilebilir.

## Radon

Atom kütlesi 222 olan radon en ağır gazlardan biridir. Yirmi izotopu vardır fakat hiçbiri kararlı değildir (izotop, bir elementin, çekirdeğinde farklı sayılarda nötron bulunan, farklı atomlarıdır.) Hepsi radyoaktiftir ve kısa ömürlüdür. Radon-222 en kararlı izotopudur ve yarılanma süresi 3,8 gündür. Radon-222, radyum-226'nın bozunma ürünüdür ve bozunduğunda alfa parçacıkları yayar.

# AMETALLER

Radon-220 ise toryumun doğal bozunma ürünüdür ve toron olarak adlandırılır. Toronun yarılanma ömrü 55,6 saniyedir ve alfa parçacıkları da yayar. Radon-219, aktinyumdan oluşmuştur ve aktinon olarak adlandırılır. Aktinon da alfa parçacıkları yayar ve yarılanma ömrü 3,96 saniyedir.

Radon genellikle toprakta, yer altı sularında ve mağaralarda bulunur çünkü buralar radonu tutar. Mevcut radon miktarı topraktaki radyoaktif mineral miktarına bağlıdır. Atmosferle temas hâlinde olduğunda radon hızla yayılır. Bazı bölgelerde, yapılar radonu topraktan çekebilir ve zemin katlarda yüksek yoğunlukta radon birikir.

Yarılanma ömrü kısa olmasına rağmen radon, akciğer kanserine yol açması nedeniyle sağlığa zararlı madde olarak kabul edilir. Radon birkaç gün içinde vücuttan atılırken bozunma ürünlerinin yarılanma ömrü çok daha

*Amerika'daki birçok evde, radonun girmesini önlemek için zemin katlara aspiratörler takılmıştır. Şekilde görülen radon deney kitleri insanların, evlerinde radon riski bulunup bulunmadığını anlamalarını sağlar.*

*Bazı kayaç türleri uranyum veya radyum gibi radyoaktif elementler içerir. Radyoaktif elementler bozunmaya uğradıklarında farklı elementlere bölünür. Bazı elementler bozunma neticesinde radonu oluşturur. Radon kayalardaki çatlaklardan dışarı çıkabilir ve evlerin zemin katlarında birikerek bu evlerde oturanların sağlığı için tehlike oluşturur.*

uzundur. Hastalığa neden olanlar da akciğerlerde daha uzun süre kalmaları sebebiyle bu ürünlerdir. Bazı çalışmalar sigaradan sonra, akciğer kanserine sebep olan en yaygın ikinci neden olarak radonu gösteriyor.

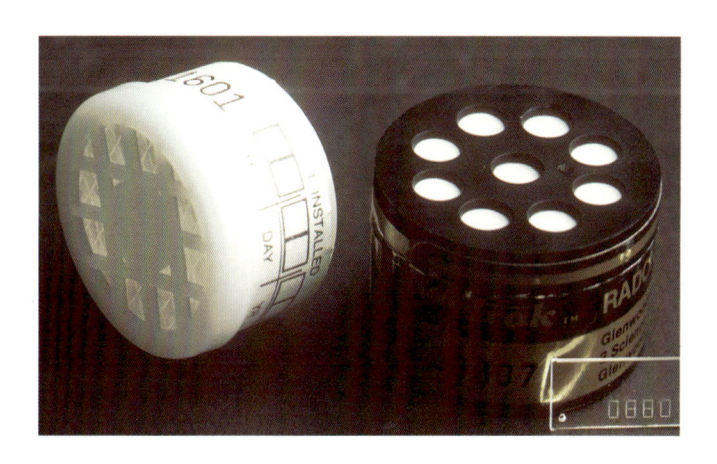

# SÖZLÜK

**allotrop** Aynı elementin, atomların farklı yapıda dizilimiyle oluşan farklı fiziksel biçimleri.

**ametal** Metal veya yarı metal olmayan elementler. Zayıf iletkenlerdir ve atomları dış kabuklarında fazla elektron bulundurma eğilimindedir.

**asit** Yüksek miktarda hidrojen ($H^+$) iyonu içeren bileşik.

**atom** Bir elementin bütün özelliklerini taşıyan en küçük parçası.

**atom numarası** Bir atomun çekirdeğinde bulunan protonların sayısı.

**azot bağlanması** Atmosferik azot ile diğer elementleri, bitkiler tarafından emilebilir biçimde birleştiren süreçler. Azot esas olarak bezelye, kabayonca filizi ve yonca gibi baklagillerin kökleri tarafından bağlanır. Siyanobakteriler ve şimşek de bağlanma sağlar.

**bağ** Atomlar arasındaki kimyasal ilişki.

**baz** Yüksek miktarda hidroksit ($OH^-$) iyonu içeren bileşik.

**bileşik** İki veya daha fazla farklı element atomlarının bir araya gelmesiyle oluşan madde.

**bozunma zinciri** Bir radyoaktif elementin parçalanma tepkimeleri dizisi.

**damıtma** Bir sıvının saflaştırılması için önce kaynatılması, sonra buharının yoğunlaştırılması işlemi. Sıvı karışımların saf bileşenlerine ayrıştırılması için de kullanılır.

**değerlik** Bir atomun diğer atomlarla yapabileceği bağ sayısını gösteren ölçüt.

**değerlik elektronları** Bir atomun kimyasal tepkimelerde yer alan ve en dış elektron kabuğunda bulunan elektronları.

**dört element** Antik çağlarda insanların evrendeki her şeyi oluşturduğuna inandığı toprak, hava, ateş ve su.

**elektrik** Bir maddede hareket eden yüklü parçacıkların akışı.

**elektrolit** Elektrotlar arasında akım taşıyan iyonik sıvı.

**elektroliz** Bir sıvıdan elektrik akımının geçirilmesiyle meydana gelen kimyasal tepkime.

**elektron kabuğu** Atom çekirdeğini çevreleyen elektron tabakası.

**element** Tek tür atomlardan meydana gelmiş madde.

**enzim** Biyokimyasal tepkimelerde katalizör görevi gören biyolojik protein.

**fotosentez** Bitkilerin karbondioksit ve suyu, güneş enerjisini kullanarak şekere dönüştürdükleri ve aynı anda oksijen ürettikleri kimyasal tepkime.

**grup** Periyodik tabloda, ilgili elementlerin oluşturduğu sütun.

**hacim** Bir katı, sıvı veya gazın kapladığı alan. SI birim sisteminde hacim, metre küp ($m^3$) ile ifade edilir.

**hâl** Maddenin aldığı biçimler –katı, sıvı veya gaz olabilir.

**inhibitör** Bir kimyasal tepkimede kendisi değişikliğe uğramadan tepkimenin hızını yavaşlatan madde. Negatif katalizör olarak da adlandırılır.

**iyon** Bir veya daha fazla elektron almış veya vermiş atom. Elektron veren atomlar pozitif iyonları, elektron alan atomlar ise negatif iyonları oluşturur.

**izotop** Çekirdeğinde farklı sayıda nötron bulunduran element atomları.

**katalizör** Bir kimyasal tepkimenin hızlanmasını sağlayan fakat tepkimede herhangi bir değişikliğe uğramayan element veya bileşik.

**katılar** Parçacıkları sabit bir düzende olan maddeler.

**kaydırıcı** Yüzeylerin birbiri üzerinde kaymasına yardımcı olan madde.

**kelvin ölçeği** Sıcaklık birimi olarak Kelvin (K) kullanan ve sıfır noktası (0 K) mutlak sıfıra (-459,67°F, -273,15°C) eşit olan sıcaklık ölçeği.

**kimyasal formül** Bir molekülde yer alan elementlerin türünü ve sayısını gösteren kimyasal semboller bütünü. Örneğin $H_2O$, iki hidrojen (H) ve bir oksijen (O) atomundan oluşan suyun formülüdür.

**kimyasal sembol** Bir kimyasal elementin adının kısa yazılış biçimi.

**kimyasal tepkime** Farklı elementlerdeki atomların birleşmesi veya ayrılması.

**kovalent bağ** İki veya daha fazla atomun elektron paylaşımıyla yaptıkları bağ.

**kütle numarası** Atom çekirdeğinde yer alan proton ve nötronların toplam sayısı.

**metal** Sert ama esnek olan element. Metaller iyi iletkendir. Atomları dış kabuklarında yalnızca birkaç elektrona sahiptir.

**mineral** Kayaları veya toprağı oluşturan, doğal yollarla oluşan bileşikler.

**molekül** Kimyasal bağ ile bağlanmış aynı veya farklı elementlere ait iki veya daha fazla atomun oluşturduğu parçacık.

**ozon** Üç oksijen atomunun birleşerek bir molekül oluşturdukları oksijen yapısı.

**periyot** Periyodik tabloda yatay düzenlenen elementler dizisi.

**periyodik tablo** Tüm kimyasal elementleri, atomlarının fiziksel ve kimyasal özelliklerine göre basit bir düzende gösteren tablo. Elementler atom numaralarına göre 1'den 116'ya kadar sıralanır.

**protein** Aminoasitlerin zincir hâlinde birbirlerine bağlanmasıyla oluşan büyük organik moleküller.

**radyoaktif element** Farklı elementleri oluşturmak üzere parçalanan, çekirdeği kararsız element.

**soy gaz** Diğer elementlerle nadiren tepkimeye giren gaz grubu.

**standart şartlar** Normal oda sıcaklığı ve basıncı.

**tepkime hızı** Tepkimede, tepken ve ürün derişimlerinin değişme hızı.

**tersinir tepkime** Hem ileri hem de geri yönde gerçekleşebilen tepkime. Diğer bir deyişle, tepkenlerin ürünleri oluşturduğu gibi (her tepkimede olduğu gibi), ürünler de tekrar tepkimeye girerek önemli miktarda tepken oluşturur.

**tuz** Bir asitle bir bazın tepkimeye girmesi sonucu oluşan, pozitif ve negatif iyonlardan meydana gelmiş bileşik.

**yükseltgen** Kararlı hâle geçmek için dış elektron kabuğunu tamamlamak üzere diğer maddelerden elektron koparan madde.

**yükseltgenme basamağı** Bir atomun kaç elektron aldığını veya verdiğini gösteren sayı.

**yoğunluk** Atomların bir katı içinde ne kadar sıkı istiflendiğinin ölçüsü.

# DİZİN

**Kalın** yazılan kelimeler ve sayfa numaraları ana başlıklara; *eğik* yazılan sayfa numaraları semalara; altı çizili olanlar ise tanımlara işaret ediyor. Parantez içine alınan sayfa numaraları ise kutularda yer verilen bilgileri gösteriyor.

## A
adenozin trifosfat 41
ağartma (53), (56)
ağır su 21
alkanlar 27
alkenler 27
alkinler 27
allotroplar 13-14, *14*, *28*
altın 7
**ametaller 12-17**, *12*, *13*
  bağ yapma 12
  dezenfektan olarak 16, *17*
  elektronları (13)
  fiziksel özellikleri 13
  katılar 13-14
  kimyasal özellikleri 12
aminler 36
aminoasitler 36
amonyak 36
apatit 40-41
argon 58-59, *58*, *59-60*
  sıvı argon 38
Aristoteles 8, 9
asitler 21
astatin 51
atom kütlesi 7, 7, *10*
atom numarası 4
atomlar 4-7, 5, 6, 19, *51-52*
**Azot** (13), 14-15, **32-40**
  atmosferde 34-35, *35*
  atomları *34*
  bağlanması (34), *35*
  bileşikleri 33-34, 35-36
  çift atomlu 32, *32*
  keşfi 33-34
  kimyasal özellikleri 33
  oksitleri 35-36
  sıvı azot 15, (37), 38
  üretimi 37-38
  ve biyoloji 36

## B
Balard, Antoine 53
barut 46
baz 21
benzen 27
berilyum 5
bileşikler (6), 7
Black, Joseph (35)
Boyle, Robert 9, 40
bozunma zinciri *59*
Brand, Hennig 8-9, 40
brom *50*, 51, 53, 54, 54-55, 57
bronz 8
buckyball 23

## C
Cannizaro, Stanislao 10
chaorite 24
Christe, Karl 57
Courtois, Barnard 53
Curie, Marie ve Pierre 9-10

## Ç
çelik 29
çift atomlu molekül (17)

## D
Dalton, John 10
damıtma 39
Davy, Humphry 9, (9), 53
de Chancourtois, Alexandre-Emile Beguyer 10-11
değerlik 11
değerlik elektronu 26
demir 8
  ergitme (24)
demir pirit 47, *47*
dolomit 26
Dorn, Friedrich Ernst 59
Dow, Herbert 57
Döbereiner, Johann 10, *10*
döteryum *6*, 21
dumanlı sis 36, *36-37*
Dünya atmosferi (17)

## E
elektroliz 9, (9), 10, 21, 45
elektron kabuğu 6
elektronegatiflik 27, 51, 52
elektronlar 5-6
**elementler 4–7**, *4*, 5, *19*
  dört element 8, *8*, *10*
  **tanımlanması 8-11**
elmas 14, *14*, 22, 25, 26, 29
enzimler 36
etan 27

## F
flor (13), 50, *50*, 51, 51-52, 53, 53-4, 54, 57
florit 52, *53*
florürler 54, 56, *56*
fosfat *38*
**fosfor** 14, **32-33**, **40-41**
  allotropları 14, 32-33, *33*
  bileşikleri 40-41
  keşfi 40
  kimyasal özellikleri 33, *33*
  önemi 41
  tepkimeleri 33
fosforik asit 40-41
fosil yakıtlar 31
fotosentez 14, 14, 15, 30, 42, 49
Fuller, Richard Buckminster 23
fullerenler 23, 25

## G
galenit 47
Gay-Lussac, Joseph-Louis 53
Gmelin, Leopold 10
grafit 14, 22, 22, 25, 26
gübreler (38), (40)

## H
Haber işlemi (38), 39-40, (39), 41
Haber, Fritz 39
**halojenler** 15-16, **50-57**, *50-51*
  bileşikler 54-56
  endüstriyel üretim 57
  fiziksel özellikler 50
  halojen lambalar (51)
  keşfi 52-53
  kimyasal özellikleri 50
  kullanımları 16, *16-17*, 50-51, 54-55, 56
  periyodik eğilimler 52
  tepkimeleri 51-52
  ve sağlık (56)
  yaygın olanlar 50-51
  yükseltgen olarak 53-54
halokarbonlar 54, 55
helyum 5, 58, *58*, 59, *59*, 60
Herakleitos 8
Hidroflorik asit 52, (52)
**Hidrojen** 5, 6, 12-13, **18-21**, *18-19*, (19)
  bileşikleri (19), 20
  endüstriyel üretimi 21
  fiziksel özellikleri 18-19
  izotopları 20-21
  kimyasal özellikleri 19-20
  kullanımı 13
  tepkimeleri 20
  yakıt (21)
hidrojen sülfür (15), (49)
Hidrokarbonlar 20, 27
hidrotermal bacalar 49

## İ
İyonlar 6, 7, 55
İyot *51*, 51, 53, *54*, 55, 56
izotoplar 7, 7, 28

## K
kalsiyum karbonat 26, 28, 31
**karbon** *6*, 7, (13), **22-31**, *30-31*
  allotropları 14, 23-24, *25*, 29
  amorfoz 23, 29
  bileşikleri 25-6
  endüstriyel kullanımı 29-30
  fiziksel özellikleri 22
  inorganik bileşikler 27-28
  izotoplar 6, 24-5, *26*
  karbon döngüsü 30-31
  kimyasal özellikleri 22-23
  kovalent bağ 26-27
  oksitleri 28
  yapısı (23)
karbon fiber (30)
karbon monoksit 28
karbondioksit 28, (31), 45
karışım gaz dalısı (60)
kaydırıcı 14
kenetlenme 27
kimyasal sembol 4
kireçtaşı 26, 28, 31
klor *50*, 51, 52, 53, 54, 57
klor gazı (56), 57
klor-alkali işlemi 21, 57, (57)
kloraminler (54)
kloroflorokarbonlar (44), 50
klorürler 56
kovalent bağlar 28
kripton *58*, 59
kriyojeni (37), 60
ksenon 58
kumtaşı 42
**kükürt** 14, 42-43, **46-49**, 46-47, *48*
  bileşikleri (15), 47-48, 49
  kimyasal özellikleri 46-47
  kokusu (15), 48, (49)
  tarihi 46
  üretimi 49
kütle numarası 7, 7

## L
Lavoisier, Antoine-Laurent 10, (16), 34, 44, 46
lityum 5
lonsdaleite 24, 25

## M
Mendeleyev, Dmitry Ivanovic 11
Merkaptanlar (tiyoller) (15), 48, (49)
mermer 26, *29*
Metan 26, *27*
Meyer, Julius Lothar 11
mine 40-41
Moissan, Henri 52-53, 57
Moleküller (6), 7
  çift atomlu (17)

## N
Nanotüpler 23
Neon (13), *58*, 59, 60
Neon lambalar (60)
Newlands, John Alexander Reina 11, (11)
Nitrik asit üretimi 39

## O
Odling, William 11
odun kömürü 29
oksijen (13), 14-15, **42-46**
  allotropları 43
  bileşikleri 44-45
  çift atomlu 43
  keşfi (16), 43-44
  kimyasal özellikleri 43, *43*
  kullanımı 15
  sıvı oksijen 38, (47)
  tepkimesi 44
  üretimi 45-46
Oktav Yasası 11, (11)
Organoflorürler 54
Ostwald işlemi 39
Ostwald, Wilhelm 39
ozon 14, 15, 43, (44)
ozonlama (46)
ötrofikasyon (41)

## P
Paslanma 43, *45*
periyodik tablo *4*, 10
peroksitler 43
petrokimyasallar 29-30
petrol 26
plastikler 29-30, *52*
polimerizasyon 30
polivinil klorür (PVC) *55*
Priestley, Joseph (16), 43-44
proteinler 36, *36*
protyum 20

## R
Radon *58*, 59, 60-61, *61*
Radyoaktif element 59
Radyokarbon 25
Ramsay, William 9, 58-59
Rayleigh, Lord 9, 58
Royds, Thomas 59
Rutherford, Daniel 34, (35)
Rutherford, Ernest 59

## S
Scheele, Carl Wilhelm (16), 44, (44), 53
sıvı argon 38
sıvı azot 15, (37), 38
sıvı oksijen 38, (47)
simyacılar 8
sodyum bikarbonat 49
sodyum florür 56
sodyum hipoklorit (53)
**soy gazlar** 9, 12, 16-17, *16-17*, **58-61**, *58*
  endüstriyel üretimi 60
  fiziksel özellikleri 58
  keşfi 58-59
  kimyasal özellikleri 58
  kullanımı 17, 59-60
su 20, *20*, 44-45
  molekülleri (6)
sülfit 47
sülfürik asit 48, *48*, 49
  kontakt yöntemi 49

## T
tayfölçümü 9, (11)
tellürik spiral 11
tiyoller (merkaptanlar) (15), 48, (49)
Travers, Morris 59
triadlar kuralı 10
trityum *6*, 21

## W
Whytlaw-Gray, Rrobert 59

## Y
Yağ, ayrımsal damıtma (26)
yükseltgen 55
yükseltgenme 43

## Z
zehirli hava 35
zeplinler 13, 17, (18), 59

**Orijinal kitaba ilişkin**

Editör: Lindsey Lowe
Proje Yöneticisi: Graham Bateman
Sanat Yönetmeni: David Poole
Tasarım: Steve McCurdy
Redaksiyon: Peter Lewis, Briony Ryles
Dizin: David Bennett
Çocuk Kitapları Sorumlusu: Anne O'Daly
Basım Sorumlusu: Alastair Gourlay

**Görseller**

Ön kapak: *Shutterstock:* Shemp R. Camp
Arka kapak: *istockphoto:* photointrigue

1 SS: Herbert Kratky; 3 SS: Charles Knox; 5 NASA-MSFC; 7 SS: Tito Wong; 8 SS: Charles Knox; 9 SS: Panos Karapanagiotis; 10 SS: Igor Golovnic; 11 Wikimedia Commons: Snamepi; 12 SS: Ocean Image Photography; 14 SS: Christina Tisi-Kramer; 15 SS: Eric Isselee; 16-17 SS: Christopher Poe; 17 SS: Tiire; 18-19 NASA, ESA, and the Hubble Heritage Team (STScI/AURA)-ESA/Hubble Collaboration; 20 SS: Erkki & Hanna; 21 Wikimedia Commons: Hax0rw4ng; 22 SS: Kesipun; 23 SS: SerrNovik; 25 Wikimedia Commons: Kevin Walsh; 29 SS: Yuri Yavnik; 30 SS: Herbert Kratky; 30-31 SS: Aleksander Bolbot; 32 SS: Mau Horng; 33üst Wikimedia Commons: Selber Fotografiert; 33alt Wikimedia Commons: Dennis "S.K"; 34 SS: J and S Photography; 35 SS: Andriano; 36 SS: Nayashkova Olga; 36-37 SS: Jorg Hackeman; 37 SS: Akva; 38 Wikimedia Commons: Alexandra Pugachevsky; 40-41 SS: Antoine Beyeler; 41 Wikimedia Commons: Felix Andrews (Floybix); 42 SS: Jim Lopes; 44 Peter Rejcek/National Science Foundation; 45 SS: Dhoxax; 46-47 SS: Mark A. Rice; 47sağ Wikimedia Commons: United States Navy; 47alt SS: Golden Angel; 48 Wikimedia Commons: Jean-Marie Hullot; 49 SS: K. Kaplin; 50 SS: David H. Seymour; 51 SS: Ew Chee Guan; 52 SS: Olga Popova; 53t SS: Gala Kan; 53alt Wikimedia Commons: United States Navy; 54üst SS: B. McQueen; 54b SS: Nialat; 55 SS: Grekoff; 56 SS: Tan4ikk; 59 Great Images of NASA; 60 SS: Karin Hildebrand Lau; 61üst SS: Andreas Jurgensmeier; 61alt Wikimedia Commons.
Artwork © Brown Bear Books Ltd.

The Brown Reference Group Ltd. bu kitapta kullanılan resimlerin telif hakkı sahiplerine ulaşmak için elinden gelen gayreti göstermiştir. Yukarıda belirtilenler dışında hak sahipliği iddiasında bulunanların The Brown Reference Group Ltd. ile iletişime geçmeleri rica olunur.